考慮碳限額與交易政策的製造企業生產與定價模型研究

馬常松 著

摘　要

近年來，隨著全球持續變暖趨勢的加劇，由二氧化碳（CO_2）等溫室氣體排放增加所引起的氣候惡化問題已經威脅到了人類的生存與發展。因此，在全球範圍內減少二氧化碳（CO_2）等溫室氣體的排放，遏制溫室效應，實施碳減排政策以應對人類生存環境的惡化成為世界各國的共識。製造企業作為社會經濟發展的重要組成部分，其在製造、加工、倉儲、運輸等過程中不可避免地會產生二氧化碳（CO_2）。2011年，中國工業部門的總碳排放量超過25億噸，製造業所占比值就接近60%。在綠色低碳呼聲不斷，以碳限額與交易政策為代表的政府碳減排政策陸續出抬的新形勢下，減少二氧化碳（CO_2）排放已經成為製造企業必須面對的新課題。因此，本書立足微觀視角和隨機需求，以碳減排壓力下製造企業面臨的新要求為背景，以製造企業的生產和定價決策為研究內容，研究在碳限額與交易政策約束下製造企業通過碳排放權交易和綠色技術投入等方式優化其生產和定價決策的問題。

首先，本書研究了單一產品製造企業在碳限額與交易政策約束下的生產決策問題。研究表明：①製造企業進行碳排放權交易決策情形下，企業可以根據政府初始碳配額的多少，制定最優生產量及碳排放權交易決策。②在只進行綠色技術投入決策情形下，企業可以根據政府初始碳配額的多少，制定最優生產量及最優綠色技術投入水平。③在實施碳排放權交易和綠色技術投入組合決策情形下，企業可以根據政府初始碳配額的多少，制定最優生產量、綠色技術投入水平和碳排放權交易量。

其次，本書研究了兩產品製造企業在碳限額與交易政策約束下的生產決策問題。研究表明：①兩產品製造企業進行碳排放權交易決策情形下，企業可以根據政府初始碳配額的多少，制定最優生產組合及碳排放權交易決策。②在只進行綠色技術投入決策情形下，企業可以根據政府初始碳配額的多少，考慮對兩個產品進行綠色技術投入，並制定各自情形下的最優生產組合和綠色技術投

入水平。③在實施碳排放權交易和綠色技術投入組合決策情形下，企業可以根據政府初始碳配額的多少，考慮對兩個產品進行綠色技術投入，並制定各自情形下的最優生產組合及各自情形下的綠色技術投入水平和碳排放權交易量。

再次，本書在前兩章研究的基礎上，研究了單一產品製造企業在碳限額與交易政策約束下的生產與定價決策問題。研究結果表明：①製造企業進行碳排放權交易決策情形下，企業可以根據政府初始碳配額的多少，制定最優生產及定價決策及碳排放權交易決策。②在只進行綠色技術投入決策情形下，企業可以根據政府初始碳配額的多少，制定最優生產及定價決策和綠色技術投入水平。③在實施碳排放權交易和綠色技術投入組合決策情形下，製造企業可以根據政府初始碳配額的多少，制定最優生產及定價決策及綠色技術的投入水平和碳排放權的交易量。

最後，本書在第五章研究的基礎上，研究了兩產品製造企業在碳限額與交易政策約束下的生產與定價決策。研究表明：①兩產品製造企業進行碳排放權交易決策情形下，企業可以根據政府初始碳配額的多少，制定最優生產及定價決策及碳排放權交易決策。②在只進行綠色技術投入決策情形下，企業可以根據政府初始碳配額的多少，考慮對兩個產品進行綠色技術投入，並制定各自情形下的最優生產及定價決策及其各自情形下的綠色技術投入水平。③在實施碳排放權交易和綠色技術投入組合決策情形下，企業可以根據政府初始碳配額的多少，考慮對兩個產品進行綠色技術投入，並制定各自情形下的最優生產及定價決策及其各自情形下的綠色技術投入水平和碳排放權交易量。

本書根據模型分析及優化結論，還得到了一些重要的管理學啟示：

（1）在碳限額約束下，製造企業的二氧化碳（CO_2）排放量不會超過政府制定的碳限額。同時由於碳排放權交易帶給製造企業更多的靈活性，企業可以通過碳排放權交易合理地調整生產與定價決策。由此可見，良好的碳限額與交易機制在實現製造企業碳減排責任的同時，可以優化和改進其生產與定價決策。

（2）在碳限額約束下，製造企業通過綠色技術投入可以降低單位產品的碳排放量，既可以獲得碳排放權節約，以維持或擴大生產，又可以在碳排放權有剩餘時出售獲利。可見綠色技術投入能夠增加製造企業的期望利潤。

（3）製造企業進行碳排放權交易時的最大期望利潤是否高於無碳限額約束時的利潤取決於政府期初給予製造企業的碳配額，因此科學合理地制定初始碳配額是政府的重要任務；同時，製造企業進行碳減排技術投入的條件是進行綠色技術投入後的單位碳排放權邊際成本低於市場上單位碳排放權的價格。因

此政府在碳排放權交易機制的制定及形成上應加以引導,並應通過稅收減免、財政補貼等方式引導和激勵企業進行低碳減排技術的創新和使用。可見在碳限額與交易政策中政府應發揮積極的作用,才能既調動製造企業參與碳減排的積極性,又不會使整體社會福利下降。

本書的研究結論可以為製造企業在碳限額與交易政策約束下的生產及定價決策提供一些有益的思路,也可以為政府的碳排放政策制定提供一定的參考。

關鍵詞:碳限額與交易;生產決策;定價決策;綠色技術投入

Abstract

In recent years, the climate problem is becoming more and more serious with the global warming trend, caused by the carbon dioxide (CO_2) and other greenhouse gas emissions. Therefore, initiate the global reducing emission greenhouse gases, especially carbon dioxide (CO_2), to curb the greenhouse effect which lead to the living environment deterioration of human being, even the survival. Manufacturing enterprises are very important part of social economy developing, but the manufacture, processing, warehousing, and transportation process will inevitably produce carbon dioxide (CO_2). In 2011, China's industrial sector's total carbon emissions more than 2.5 billion tons, the ratio is close to 60% for manufacturing sector. Green low carbon is called for sustainable developing, the government has made policy to reduce emissions by carbon cap and trade policy. So reducing carbon dioxide (CO_2) emissions has become a new topic that manufacturers have to face. How to make production decision, adjust their production operation behavior, and utilize carbon reduction technology responsively. Therefore, the paper is based on the micro perspective to make manufacturing enterprises' production and pricing decisions, research production and pricing decisions of enterprises in the carbon cap and trade policy constraints.

First of all, this paper studies the production decision of single product manufacturing enterprises under the carbon cap and trade policy. Research shows that: ① in the condition of the carbon emissions trading decision – making situation, manufacturing enterprises can according to how much the government initial carbon quota give, making optimal production quantity and carbon emissions trading decision. ② in the condition of the green technology investment decision – making situation, manufacturing enterprises can according to how much the government initial carbon quota give, making optimal production quantity and level of investment in green technology. ③ in the condition of combination methods into carbon emissions trading and green technology investment, manufacturing enterprises can according to how much the government initial carbon quota give, making optimal production quantity and purchasing carbon emissions policy and level of investment in green technology.

Secondly, the paper studies the production decision of two products manufacturing enterprises under the carbon cap and trade policy. Research shows that: ① in the condition of the carbon emissions trading decision-making situation, manufacturing enterprises can according to how much the government initial carbon quota give, making optimal production quantity and carbon emissions trading decision. ② in the condition of the green technology investment decision-making situation, manufacturing enterprises can according to how much the government initial carbon quota give, considering the green technology investment for two products, then making their own optimal combination of production and level of investment in green technology under their own situations. ③ in the condition of combination methods into carbon emissions trading and green technology investment, manufacturing enterprises can according to how much the government initial carbon quotas give, considering the green technology investment for two products, then making their own optimal combination of production, level of investment in green technology and purchasing carbon emissions policy under their own situations.

Thirdly, based on the first two chapters' research, this paper studies the production decision and pricing decision of single product manufacturing enterprises under the carbon cap and trade policy constraints. Research shows that: ① in the condition of the carbon emissions trading decision-making situation, manufacturing enterprises can according to how much the government initial carbon quota give, making the optimal production quantity and pricing decision, and carbon emissions trading decision. ② in the condition of the green technology investment decision-making situation, manufacturing enterprises can according to how much the government initial carbon quota give, making optimal production quantity and pricing decision and level of investment in green technology. ③ in the condition of combination methods into carbon emissions trading and green technology investment, manufacturing enterprises can according to how much the government initial carbon quotas give, making optimal production and pricing decision, purchasing carbon emissions policy and level of investment in green technology.

Finally, on the basis of the fifth chapter studies the production decision and pricing decision of two products manufacturing enterprises under the carbon cap and trade policy constraints. Research shows that: ① in the condition of the carbon emissions trading decision-making situation, manufacturing enterprises can according to how much the government initial carbon quota give, making the optimal production quantity and pricing decision, and carbon emissions trading decisions. ② in the condition of the green technology investment decision-making situation, manufacturing enterprises can according to how much the government initial carbon quota give, considering the green technology investment for two products, then making their own optimal production and pricing decision, and level of investment in green technology under their own situations. ③ in the condition of combination methods into carbon emissions trading and green technology investment, manufacturing enterprises can according to how much the government initial carbon quotas give, considering the green technology investment for two products, then making their own optimal production and pricing decision, purchasing carbon emissions policy and level of investment in green technology under their own situations.

According to the analysis and optimization of the model, this paper also gets some important management implications.

(1) In the limit of carbon constraints, manufacturing enterprises of carbon dioxide (CO_2) emissions will not exceed the government's allowance. Carbon emissions trading make flexibility to manufacturing enterprises to adjust the production and pricing decision of enterprises through reasonable carbon emissions trading. The good carbon cap and trade mechanism in the implementation of carbon emission reduction responsibility of manufacturing enterprises, at the same time, can optimize and improve the production and pricing decision.

(2) in the limit of carbon constraints, manufacturing enterprises through green technology investment can reduce per unit of product's carbon emissions, which can obtain the carbon emissions savings, in order to maintain or expand production, but also get profit when there is a surplus in carbon emissions. Green technology investment can increase the expected profits of manufacturing enterprises.

(3) Whether the maximum expected profit of manufacturing enterprises in carbon emissions trading is higher than that of non-carbon constraint is depends on the government at the beginning of the period for manufacturing carbon quotas, so scientific

and reasonable formulation of the initial carbon quota is an important task of the government. At the same time, the conditions of manufacturing enterprises in carbon emission reduction technology investment are that unit marginal cost of carbon emissions is lower than the market price per unit of carbon emissions after green technology investment. Therefore, the government should be guided in the formation and development of carbon emissions trading mechanism, and use tax relief, financial subsidies and other ways to guide and encourage enterprises to carry out low-carbon emission reduction technology innovation and use. In the carbon cap and trade policy, the government should play a positive role, in order to mobilize the enthusiasm of enterprises to participate in the making of carbon emission reduction, and won't make the overall social welfare decline.

The conclusion of this paper can provide some useful ideas for manufacturing enterprises' production and pricing decisions under carbon emission trading policy constraint. At the same time, it also can provide some reference value for the government's carbon emissions policy.

Keywords: Cap and Trade; Production Decisions; Pricing Decisions; Green Technology Input

目　錄

1 緒論 / 1
　1.1　研究背景和意義 / 1
　1.2　研究問題的提出 / 5
　1.3　研究思路和內容 / 6
　1.4　本書主要創新點 / 7

2 文獻綜述 / 9
　2.1　低碳經濟的內涵及碳限額與交易機制的由來 / 9
　2.2　碳減排政策的相關研究 / 11
　2.3　碳減排政策約束下的企業運作相關研究 / 15
　2.4　文獻簡評 / 21

3 考慮碳限額與交易政策的製造企業單產品生產決策 / 23
　3.1　問題描述與假設 / 23
　3.2　基礎模型 / 25
　3.3　拓展模型 / 28
　　3.3.1　情形一：進行碳排放權交易決策 / 29
　　3.3.2　情形二：進行綠色技術投入決策 / 32
　　3.3.3　情形三：進行碳排放權交易和綠色技術投入組合決策 / 38
　3.4　數值分析 / 43
　3.5　小結 / 49

4 考慮碳限額與交易政策的製造企業兩產品生產決策 / 53

4.1 問題描述與假設 / 53

4.2 基礎模型 / 55

4.3 拓展模型 / 58

    4.3.1 情形一：進行碳排放權交易決策 / 59

    4.3.2 情形二：進行綠色技術投入決策 / 63

    4.3.3 情形三：進行碳排放權交易和綠色技術投入組合決策 / 67

4.4 數值分析 / 73

4.5 小結 / 84

5 考慮碳限額與交易政策的製造企業單產品生產與定價決策 / 86

5.1 問題描述與假設 / 86

5.2 基礎模型 / 88

5.3 拓展模型 / 93

    5.3.1 情形一：進行碳排放權交易決策 / 93

    5.3.2 情形二：進行綠色技術投入決策 / 99

    5.3.3 情形三：進行碳排放權交易和綠色技術投入組合決策 / 106

5.4 數值分析 / 113

5.5 小結 / 120

6 考慮碳限額與交易政策的製造企業兩產品生產與定價決策 / 122

6.1 問題描述與假設 / 122

6.2 基礎模型 / 124

6.3 拓展模型 / 130

    6.3.1 情形一：進行碳排放權交易決策 / 130

    6.3.2 情形二：進行綠色技術投入決策 / 136

  6.3.3 情形三：進行碳排放權交易和綠色技術投入組合決策 / 142

 6.4 數值分析 / 147

 6.5 小結 / 154

7 總結與研究展望 / 156

 7.1 總結 / 156

 7.2 研究展望 / 159

參考文獻 / 161

致謝 / 175

1 緒論

1.1 研究背景和意義

近年來，隨著氣候變暖趨勢的加劇，全球極端天氣頻發，環境灾害已經對人類的生產生活產生了嚴重的影響，環境問題愈發引起人們的普遍關注。聯合國政府間氣候變化專門委員會［縮寫 IPCC，IPCC 是由 WMO（世界氣象組織）和 UNEP（聯合國環境規劃署）於 1988 年建立的］分別於 1990 年、1995 年、2001 年、2007 年和 2014 年連續發布了五份評估報告，這五份評估報告都對全球氣候變暖引起全球平均地表溫度的變化趨勢和全球海平面上升趨勢等進行了詳細的分析。尤其是 IPCC 在 2014 年發布的最新的第五次評估報告《IPCC 第五次評估報告——氣候變化 2014》中指出：近 130 多年（1880—2012 年），全球地表平均溫度已經上升了約 0.85℃。1901—2010 年，全球平均海平面上升了 0.19 米。1971 年以來，全球冰川平均每年減少 2,260 億噸，1983—2012 年可能是過去 1,400 年來最熱的 30 年。從 IPCC 發布的系列氣候變化報告可以看出，全球氣候變暖的趨勢在不斷加劇，全球氣候問題在持續惡化。

IPCC 系列氣候變化報告在分析全球氣候變暖趨勢的同時，對全球氣候變暖產生的影響和引起全球氣候變暖的原因也進行了分析。IPCC 在最新的《IPCC 第五次評估報告——氣候變化 2014》中指出，全球氣候變暖將對全球的水資源、生態系統、人體健康和農業等產生影響，具體表現為：導致全球水文系統發生改變，影響水量和水質；生態系統中某些物種數量、習性、遷徙模式等改變，甚至導致部分物種滅絕；某些區域與炎熱有關的疾病增加，死亡率增高；全球自然災害加劇，糧食減產，貧窮化擴大，全球海平面抬升導致部分海岸被淹沒。對於引起全球氣候變暖的原因，IPCC 指出，人類活動導致了二氧化碳（CO_2）、甲烷（CH_4）等溫室氣體排放增加，進一步引起溫室效應增

強，從而導致氣候變暖。IPCC在進一步的研究中發現，有95%以上的把握可以確信，20世紀50年代以來一半以上的全球氣候變暖均是由人類活動導致的。

　　國內外眾多學者關於氣候變化對於人類社會的影響方面的研究也印證了IPCC的研究結論。Perrott（1997）、Huang（2001）、Fitter（2002）等學者研究了全球氣候變暖對陸地動植物生理和生態等方面的影響；Alward（1999）、Grime（2000）、Bush（2001）、Shaw（2002）等學者研究了全球氣候變暖對草原、森林等生態系統的影響；Jolly（1997）、Johnson（1999）、Zeng（1999）、Herbert（2001）、Lucht（2002）等學者研究了氣候變暖對非洲東部山區、澳洲、西非荒漠草原、美國加州、北半球高緯度地區等特定區域植被的影響。上述學者的研究表明全球氣候變暖所產生的二氧化碳（CO_2）已經對地球上的生物，以及海洋、陸地、森林、草原等生態系統產生了嚴重的影響。而Goulden（1996）、Wedin（1996）、Braswell（1997）、Walker（1999）、Kremen（2000）、Schimel（2000）、Schulze（2000）、Melillo（2002）、周濤（2003）等學者通過對陸地生態系統中的碳循環問題進行研究證明：由於陸地生態系統對二氧化碳（CO_2）的吸收在所有生態系統中佔有的比重較大，而陸地生態系統受到人類活動影響和破壞的程度最嚴重，所以全球氣候變暖的眾多重要誘因之一就是人類活動對陸地生態系統的破壞。可以說在氣候自然變化的同時，人類的生產、生活等活動改變了大氣的化學成分，從而導致今天的氣候變化。反過來這種變化對人類社會的發展和進步又產生了阻礙作用，甚至影響到了人類的生存。

　　如何降低二氧化碳（CO_2）等溫室氣體的排放，遏制全球氣候的進一步惡化，在國際社會已經引起了高度關注。國際社會也已經展開了一系列以碳減排為主題的行動。聯合國氣候變化框架公約（UNFCCC）於1992年5月在紐約聯合國總部通過，並在1994年3月正式生效，這是全球第一個以應對氣候變化和控製碳排放量為目標的正式性的國際公約。1997年12月，在碳減排史上具有里程碑意義的《聯合國氣候變化框架公約的京都議定書》（又稱《京都議定書》）在日本京都簽署，並於2005年2月生效。《京都議定書》的生效代表著國際條約對以二氧化碳（CO_2）為代表的溫室氣體排放的約束達到了一個新的高度。《京都議定書》在國際範圍內具有普遍的法律效力，它從國家層面出發，第一次針對發達國家設定了排放限額，引入「碳限額與交易」概念，並提出「碳限額與交易」是實現減緩氣候變化國際合作的重要機制。《京都議定書》提出的「碳限額與交易」機制通過管制和市場的雙重手段達到有效減排的目的，其法律約束力使得溫室氣體排放權成為一種具有流通性的稀缺資

源，從而在世界範圍內催生了以二氧化碳（CO_2）為主的碳排放權交易市場。2001年11月，聯合國氣候變化框架公約第七屆締約國會議在摩洛哥馬拉喀什通過了一系列稱為《馬拉喀什協定》的文件，以落實《京都議定書》。這些文件約定了清潔發展、聯合履行和排放權貿易三種減排機制，以允許國與國之間進行碳減排單位的轉讓或獲得。2008年12月，聯合國氣候變化大會在波蘭波茲南召開，會后各國代表同意在2009年2月中旬提出至2020年各國國內的減量計劃與措施。2009年12月，聯合國氣候變化大會在丹麥哥本哈根通過了《哥本哈根議定書》，以代替2012年到期的《京都議定書》，提出根據各國的GDP大小減少二氧化碳的排放量。2012年11月，聯合國氣候變化大會在卡塔爾多哈推動的「巴厘島路線圖」談判取得實質成果，敦促發達國家承擔大幅度減排目標。

為落實上述協議，世界各國政府紛紛根據各自國家的實際情況制定了相應的碳減排政策。其中，目前採用和實施的碳減排政策主要有：碳稅（Carbon Emissions Tax）、碳限額（Mandatory Carbon Emissions Capacity）和碳限額與交易（Cap-and-Trade）。碳稅是按照碳排放量對排碳企業徵收的一定比例的稅收。比如，芬蘭、澳大利亞都是較早實行碳稅制度的國家，其碳稅政策的制定與實施都取得了較好的效果。碳限額政策和碳限額與交易政策都是通過政府制定碳減排上限。這兩個政策的相同點在於：碳限額政策和碳限額與交易政策都是由政府針對不同的碳排放企業分配不同的初始碳排放權配額。這兩個政策的不同點在於：碳限額政策是一種控製命令性手段，需要採取強制措施來保障實施，但當初始碳排放權不足或過剩時，企業無法通過外部碳交易市場進行碳排放權的交易；而碳限額與交易政策則允許企業在初始碳排放權不足或過剩時到碳排放權交易市場進行碳排放權的買賣以滿足生產需求，提高收益。因此，碳限額與交易政策成為目前實施最為普遍，減排效果最為明顯的碳減排政策之一。最早實施碳限額與交易政策的歐洲碳排放權交易體系（EU ETS），現已成為世界上最大的碳排放權交易市場。

嚴峻的氣候變化問題及隨之而來的碳減排壓力也引起了作為全球最大二氧化碳（CO_2）排放國之一的中國的高度重視。據統計，2012年中國GDP占全世界的10%，但是能耗占20%，二氧化碳（CO_2）排放占25%，而且二氧化碳（CO_2）排放的增量占全世界的45%。中國於1992年簽署了《聯合國氣候變化框架公約》，是該公約最早的10個締約方之一，並於1998年簽署了《京都議定書》。在2014年12月秘魯利馬舉行的《聯合國氣候變化框架公約》第20輪締約方會議上，中國承諾2016—2020年將把每年的二氧化碳排放量控制在100

億噸以下，並承諾中國的二氧化碳（CO_2）排放量在2030年左右達到峰值150億噸。在2010年中央經濟工作會議明確提出應對全球氣候變暖的主要手段是轉變人類的生產和生活方式，實現低碳經濟和低碳生活，並將碳減排作為低碳經濟發展的重要約束性指標納入「十二五」發展規劃。中國共產黨第十八屆三中全會明確提出了建設「生態文明」的理念，要求「建設生態文明，必須建立系統完整的生態文明制度體系，用制度保護生態環境」。深圳作為全國碳排放權交易試點七個省市之一，於2013年6月正式開始實施碳排放權交易，成為全國第一個開業的碳排放權交易所。隨後上海、北京、廣東、天津、湖北、重慶六個碳排放權交易市場也相繼開市，實現了中國碳排放權交易市場的從無到有。中國已經成為除歐盟之外，利用碳限額與交易政策管控溫室氣體排放的第二大市場。在中國的經濟體系當中，工業部門是二氧化碳（CO_2）排放的主要來源。而製造業作為中國工業體系的重要組成部分，首當其衝成為二氧化碳（CO_2）減排的主力軍。在2001年，中國工業部門的二氧化碳（CO_2）總排放量為9.38億噸，而到了2011年，中國工業部門的總碳排放量則超過了25億噸，這期間二氧化碳（CO_2）的排放量增長了172%左右，而製造業就占工業總碳排放量的60%。可以看到，不斷加速推進的工業化進程在推動中國經濟快速發展的同時，也在推動著中國二氧化碳（CO_2）排放的快速增加。因此，面對政府的碳減排政策，如何承擔碳減排責任成為每一個中國製造企業決策者必須思考的問題。

　　從理論研究角度看，製造企業的生產與定價決策問題一直是理論界的研究熱點，從確定性需求的經濟訂貨批量模型（EOQ），到考慮隨機性需求的報童模型；從單週期到多週期；從單供應源到多供應源；從一個製造商到供應鏈。精益生產、JIT、零庫存等經典理論在實際挑戰中應運而生，理論研究不斷深入與完善，取得了豐富的研究成果。但傳統的研究中，製造企業的決策目標大多是在總成本最小或總收益最大的前提下滿足顧客的多樣化需求，較少考慮製造企業在生產活動中的碳排放問題。然而，隨著政府以碳限額與交易政策為代表的碳減排政策的不斷出拾和限制性措施的愈加嚴格，未來如何有效地限制碳排放，在政府碳限額與交易政策的約束下展開生產活動已經成為製造企業必須解決的問題和學術界研究的熱點，特別是對於電力、能源、大型製造等傳統的排放依賴型企業。因為，一方面，從決策目標來看，碳限額與交易政策的實施給製造企業營運管理帶來了新的挑戰，使製造企業的管理決策更加複雜。不考慮碳限額與交易政策時，製造企業的決策目標一般為利潤最大化或成本最小化，而在碳限額與交易政策約束下，製造企業除考慮利潤最大化的目標外，還

需要考慮減少製造企業碳排放的目標。從決策變量來看，製造企業必須在傳統的生產、訂貨、定價等決策下考慮碳減排投資、碳排放權交易等決策變量。從決策環境看，不考慮碳限額與交易政策約束時一般有產能或資金約束，但考慮碳限額與交易政策后，還應該考慮碳限額與交易政策的約束，以及隨之而來的環境成本增加和更高的材料、能源和服務成本。另一方面，隨著消費者環保意識的逐漸增強，購買低碳產品日益成為趨勢。研究表明，消費者願意購買標示了低碳標誌的產品，並願意為此支付高於原價的價格。因此，越來越多的製造企業意識到，依靠技術創新，盡可能地提高能源利用率才能增加製造企業的利潤。所以，面對碳限額與交易政策，如何在實現製造企業可持續發展和社會責任的同時，為製造企業帶來新的利潤增長點已成為其營運的關鍵和發展優先考慮的問題，同時也成為國內外的研究熱點。

綜上所述，溫室氣體的排放所帶來的問題已經給社會的經濟發展和人們的日常生活帶來了顯著的不利影響。面對國際社會、政府對節能減排的高要求和新挑戰以及低碳環保呼聲的逐漸升高，減少二氧化碳（CO_2）排放成為製造企業必須面對的新課題。因此，研究在碳限額與交易政策約束下，製造企業如何調整自己的生產運作行為，如何平衡自身的經濟效益與碳減排需求，如何開展有效的生產與定價決策，如何進行碳減排技術的投入等問題，不論在學術方面還是在實踐方面都具有較強的研究意義。

1.2 研究問題的提出

製造企業作為二氧化碳（CO_2）排放的重要主體，在碳限額與交易政策約束下，調整自己的生產運作行為以平衡自身的經濟效益與碳減排需求，已經成為製造企業和政府的決策者必須思考和解決的問題。基於相關的研究背景和意義，提出本書主要研究的問題：

研究問題1：面臨隨機需求時，單產品製造企業在碳限額與交易政策約束下如何確定最優的生產決策？

研究問題2：面臨隨機需求時，製造企業生產兩種產品，在碳限額與交易政策約束下如何確定最優的生產決策？

研究問題3：面臨隨機需求時，單產品製造企業在碳限額與交易政策約束下如何確定最優的生產與定價決策？

研究問題4：面臨隨機需求時，製造企業生產兩種產品，在碳限額與交易

政策約束下如何確定最優的生產與定價決策？

1.3 研究思路和內容

1.3.1 研究思路

本書採用理論研究的方法，結合實際問題，採用生產與定價的理論和工具，針對製造企業在碳限額與交易政策約束下的生產與定價問題進行建模。首先通過文獻閱讀法，收集、整理和分析與碳限額與交易政策有關的國內外研究，奠定本書的理論基礎。其次，分別從自由市場和壟斷市場兩個層面，研究單產品製造企業和兩產品製造企業在碳限額與交易政策約束下的生產與定價決策問題。最后，總結了研究的結論與創新點，指出了研究的不足，以及下一步的研究方向。

1.3.2 研究內容

本書從結構上看，可以分為以下七章。

第一章：緒論。介紹研究的背景、研究的思路和內容，以及主要的創新點。

第二章：文獻綜述。

第三章：主要研究在一個自由市場中，單產品製造企業在碳限額與交易政策約束下的生產決策問題，以及如何進行碳排放權交易和綠色技術投入的決策選擇。

第四章：主要研究在一個自由市場中，兩產品製造企業在碳限額與交易政策約束下，為了滿足消費群體的需求生產兩種產品時的生產決策問題，以及如何進行碳排放權交易和綠色技術投入的決策選擇。

第五章：主要研究在一個壟斷市場中，單產品製造企業在碳限額與交易政策約束下的生產與定價決策問題，以及如何進行碳排放權交易和綠色技術投入的決策選擇。

第六章：主要研究在一個壟斷市場中，兩產品製造企業在碳限額與交易政策約束下，為了滿足消費群體的需求生產兩種產品時的生產與定價決策問題，以及如何進行碳排放權交易和綠色技術投入的決策選擇。

第七章：結論與展望。

本書的結構如圖1-1所示。

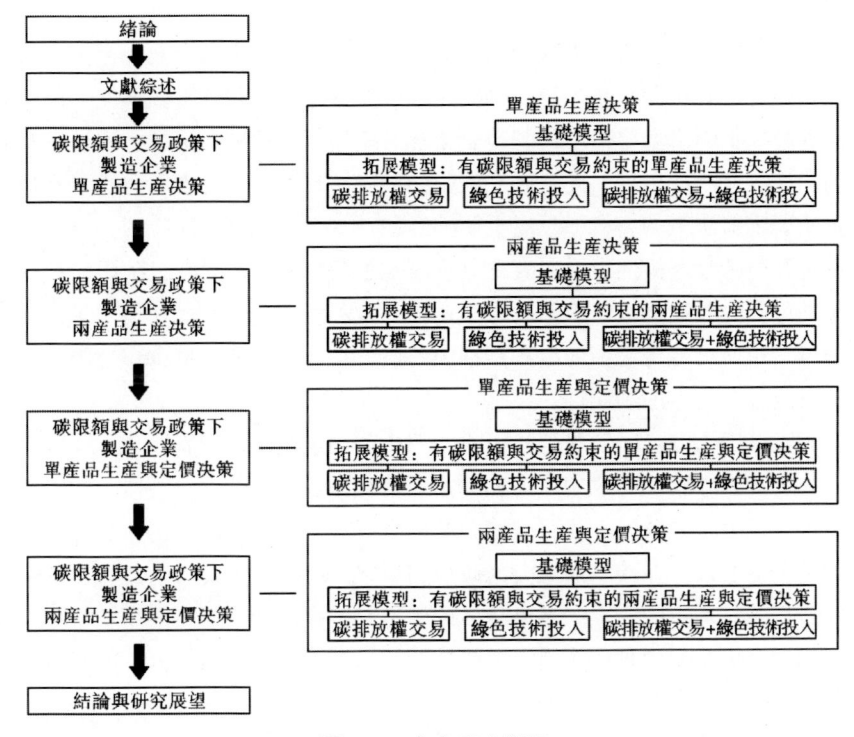

圖 1-1　本書研究框架

1.4　本書主要創新點

本書的主要創新點包括以下三個方面。
1. 創新點1：立足隨機需求研究碳限額與交易約束下的生產與定價

隨著產品開發速度的日益加快和消費者購買習慣的日益多變，製造企業面臨的需求變得越來越不確定。而通過文獻研究發現，現有的關於在碳排放政策約束下研究企業運作的文獻，以隨機需求為研究背景的較少。然而在現實情況下，一方面製造企業面臨碳減排的壓力不斷增大，另一方面製造企業面臨的需求越來越難以確定。因此，本書針對現有研究的不足，首先在第三、四章研究了自由市場中面臨隨機需求的製造企業生產決策，隨後在第五、六章研究了壟斷市場中的製造企業部分控製市場需求情形下的製造企業生產與定價決策。研究結果不僅拓展了生產與定價理論工具的適用領域，而且可以用於指導身處碳限額與交易政策約束下的製造企業生產與定價實踐。因此，本書的研究具有一

定的創新性。

2. 創新點2：研究碳限額與交易約束下兩類市場中的企業生產與定價

隨著碳減排問題越來越受到關注，碳減排的壓力和碳限額與交易政策的建立對身處不同市場結構中的製造企業都會產生不同程度的影響，不論是自由市場，還是壟斷市場。因此，研究碳限額與交易政策對不同市場結構下製造企業生產與定價決策的影響，具有重要的意義。本書針對現有研究的不足，從自由市場和壟斷市場兩個層面出發，分別研究了面臨隨機需求時，碳限額與交易政策約束下的製造企業單產品生產與定價決策和兩產品生產與定價決策。研究結論可以用於指導身處不同市場結構中的製造企業生產與定價實踐。因此，本書的研究具有一定的創新性。

3. 創新點3：研究綠色技術投入對生產與定價決策的影響

由於全球碳減排放的壓力和碳排放權交易機制的建立，製造企業面臨的外部環境壓力已經凸顯，這對製造企業的生產、庫存管理以及定價決策帶來了新的挑戰。所以，在碳限額與交易政策約束下，綠色技術投入已成為製造企業生產運作必須考慮的要素。越來越多的製造企業意識到依靠技術創新不僅能夠提高能源利用率，而且還能獲得碳排放權節約，贏得綠色消費群體的認可，從而為製造企業帶來新的利潤增長點。因此，研究綠色技術投入對製造企業生產決策和定價決策的影響，將綠色技術投入納入製造企業的生產與定價決策的研究具有一定的理論意義與現實意義。因此，本書研究在碳限額與交易政策約束下，將綠色技術納入製造企業的生產與定價決策中，並分析綠色技術投入對製造企業生產與定價決策的影響，具有一定的創新性。

2 文獻綜述

發展低碳經濟、實施碳減排政策以應對人類生存環境的惡化已經成為世界各國的共識，也是理論研究者關注的重點。以下從三個方面對國內外相關研究進行綜述。

2.1 低碳經濟的內涵及碳限額與交易機制的由來

2.1.1 低碳經濟的內涵

低碳經濟的思想首先來源於《聯合國氣候變化框架公約》。該公約於1992年6月由150多個國家簽署。該公約中第一次提出應在世界範圍內全面控製二氧化碳（CO_2）等溫室氣體的排放。

而在世界範圍內第一次提出「低碳經濟」概念的是英國政府。在2003年，英國政府發表了政府白皮書——《我們未來的能源：創建低碳經濟》。在這本書中，英國政府提出了「低碳經濟」的概念，並提出低碳經濟是一種全新的經濟方式，低碳經濟將為人們帶來更高更好的經濟發展和生活。低碳經濟的核心就是用更少的環境污染和能源消耗換取更多的經濟產出。

國際上低碳經濟研究方面具有代表性的學者保羅·魯賓斯（2008）認為低碳經濟代表著全新的市場和全新的商業機會。低碳經濟的核心是在市場機制的基礎上，運用市場經濟手段，通過制度創新，推動低碳技術的開發與實施，實現經濟發展的新目標——更少的環境污染和能源消耗，更多的經濟產出。

在國內研究低碳經濟的具有代表性的學者莊貴陽（2005）認為低碳經濟的實質是如何提高能源的利用效率，改變清潔能源的結構問題。而要解決這兩個問題，實現經濟發展的低碳化，只有依靠低碳技術的發展和制度的創新，讓經濟增長與溫室氣體排放脫鈎，徹底走出經濟增長必然帶來溫室氣體排放增加

的怪圈。

總體來說，國內外眾多學者關於低碳經濟的認識可以歸納為兩種觀點：一種是將低碳經濟等同於低碳能源經濟；一種是將低碳經濟的外延進行拓展，認為低碳經濟是綠色經濟，是循環經濟。總之低碳經濟影響到了社會經濟發展的方方面面，既涉及人們的生活和消費方式，也涉及企業的生產及決策方式。在這個過程中，消費者會越來越傾向消費更多的低碳環保產品與服務，企業則要在市場機制框架下盡量加強研發，採用新技術新設備，調整自己的生產營運策略，實現企業社會責任與經濟效益的平衡發展。

2.1.2 碳限額與交易機制的由來

國際碳限額與交易理論起源於排污權交易理論，碳排放權是排污權在碳排放領域的具體運用和擴展，屬於新興研究領域。排放權交易最早是在1968年由Dales在他的著作《污染、財富價格》中提出的。Dales認為可以將污染視為一種權利，而且這種權利應該可以轉讓，政府就可以將這種權利賦予污染排放企業，並通過市場機制達到提高能源使用效率、改善環境的目的。Dales的研究結論成為開展排放（污）權交易實踐運作的理論依據。

Montgomery（1972）則通過他的研究為Dales的理論進一步奠定了基礎。他認為排放權交易和傳統的排放收費是兩種完全不同的系統，而從效果上來看排放權交易會優於排放收費。原因就是排放收費是一種基於指令的系統，而排放權交易則是基於市場的系統，排放權交易可以通過市場機制的調節使總協調成本最低，會節約大量的協調成本。

Tietenberg（1992）則在其著作《排放權交易：污染控製政策的改革》中對排放權交易思想進行了較為全面系統的論述。在書中他提出了非均勻混合污染物的概念及其排放權交易方式。他把這種非均勻混合污染物的排放權交易方式設計為：持有同樣的排放許可證可以允許排放不同數量的污染物，排放數量的依據則是污染源與環境控製接收器位置的遠近。

在排放權交易的實踐中，美國聯邦環保局在20世紀70年代開始將排放權交易用於大氣和水污染源的管理，在20世紀90年代用於二氧化硫（SO_2）的控製，均取得了社會效益和經濟效益的雙豐收。目前，美國已建立起一整套較為完善的排放權交易體系，取得了較為明顯的環境效益和經濟效益，在國際環境立法上產生了重要影響，為很多國家環境立法提供了經驗借鑑。

1997年12月制定，2005年2月生效的《京都議定書》提出了「聯合履行」「排放權貿易」和「清潔發展」三種二氧化碳（CO_2）減排機制。通過這

三種機制，使得二氧化碳（CO_2）排放權成為一種有價資源得以在外部碳交易市場中進行交易，從而實現既減少碳排放，又減少行政干預的雙重效果。

近年來，隨著國際社會和各國政府將關注的焦點越來越集中於全球氣候變暖以及隨之而來的二氧化碳（CO_2）等溫室氣體問題，碳排放權交易越來越為公眾所熟知。目前，以二氧化碳（CO_2）、二氧化硫（SO_2）為代表的污染物排放權已成為一種重要的金融衍生品。在美國、歐洲、亞洲已有多個開展碳排放權交易的碳排放權交易平臺和定價中心。碳排放權交易不僅成為截至目前應用最為廣泛的控制二氧化碳（CO_2）排放的方式，也成為國際緩解氣候變化的政策支柱。

2.2 碳減排政策的相關研究

目前，實施碳減排的政策工具從適用範圍角度可以分為國際和國家兩個層面；從管制角度可以分為行政管制和政策工具兩種方法，其中行政管制是站在政府角度考慮問題，政策工具則從市場角度考慮問題。

國際層面實施碳減排的政策主要包括：聯合履行、排放權貿易、清潔發展等。國家層面實施碳減排的政策工具主要包括：碳排放權交易、碳排放稅、政府補貼、政府直接投入和投資等。

站在政府角度實施碳減排的政策主要有碳限額政策，站在市場角度實施碳減排的政策主要有碳稅政策和碳限額與交易政策。其中，碳限額政策通過行政命令或強制標準，在較短的時間內達到碳減排目標，缺點是社會成本較高，社會資源配置效率低，經濟主體缺乏持續減排動力。碳稅政策和碳限額與交易政策主要是通過市場機制刺激經濟主體主動減排。這兩個政策的區別是，碳稅以價格控制為特徵，碳排放與交易以數量控制為特徵。

2.2.1 碳稅

碳稅又被稱為二氧化碳（CO_2）排放稅，主要是通過對碳排放主體在生產和消費過程中產生的二氧化碳（CO_2）排放進行徵稅。其主要目的是通過徵稅減少化石燃料的消耗和二氧化碳（CO_2）的排放，以達到減緩全球氣候變暖的目的。

在碳減排政策工具中，許多學者都認為碳稅是一種非常經濟有效的碳減排政策工具：

Hoel（1993）指出碳稅是一種非常有效的國家間實施碳減排的工具。它通過建立多邊的國際性碳稅協議，可以實現國與國之間對碳排放空間的有效配置，從而對現有的國際氣候協議形成有效的補充與完善。

Goulder（1995）研究了碳稅對整體經濟的影響，以及碳稅和其他稅種的相互影響。研究結果表明如果要達到降低社會福利成本的效果，應該減少碳稅的稅種，降低碳稅的稅率。

李偉等（2008）認為碳稅被眾多西方發達國家青睞的主要原因在於碳稅具有來源穩定、收入可觀、易於操作、主要針對消費環節等優點。而且碳稅在很多國家被認為是進行稅制改革、促進經濟活力的理想稅收槓桿。

樊綱（2010）認為碳稅對於任何一個國家而言，都基本可以起到減少溫室氣體排放的作用。碳稅通過調節價格，激勵經濟體進行節能減排，有利於社會經濟向著清潔生產的方向進步。

張曉盈等（2011）認為碳稅在短期內可能會影響相關產品的價格，在一定程度上抑制消費需求及經濟增長。但從長期角度來看，碳稅將會促進相關替代產品的開發，有利於經濟結構的調整和健康發展。

總之，碳稅政策已經被很多國家接受。自 20 世紀 90 年代芬蘭率先開始徵收碳稅以來，瑞典、荷蘭、丹麥、挪威、英國等許多國家已經陸續開始實施碳稅政策。

2.2.2 碳限額

碳限額政策是一種行政命令或強制標準，屬於政策性工具。政府對相關行業或企業規定碳排放上限，相關行業或企業的碳排放量不得超過政府規定的上限，否則將受到嚴厲處罰，而且這種處罰對於相關行業和企業來說一般是無法承受的。它的優點在於可以在非常短的時間內達到碳減排目標，但它的缺點也非常明顯，就是社會協調成本較高。這一政策在實際的碳減排政策實踐中應用較少，通常作為與其他碳減排政策對比研究時使用。

2.2.3 碳限額與交易

碳限額政策對相關企業來說是一種「硬約束」，企業只能通過調整產量或採用新技術減少二氧化碳（CO_2）排放來滿足碳排放約束。碳限額與交易政策則允許企業在外部碳交易市場自由買賣碳排放權，使碳排放約束成為「軟約束」，使得企業碳減排的手段在調整產量、採用新技術的基礎上增加了碳排放權交易的新方式。碳限額與交易是由政府制定出相關行業的總碳排放量，並通

過祖父法分配、基準分配、拍賣分配和固定價格出售等方式將碳排放權分配給碳排放企業，碳排放企業可以在外部碳交易市場上自由買賣碳配額。

碳限額與交易政策為製造企業提供了一種靈活的市場機制，使之成為一種直接管制和經濟激勵相結合的減排手段，同時也是被眾多專家和學者推崇的重要碳減排手段。

現有的文獻有很多研究了二氧化碳（CO_2）排放權的分配過程中的公平、公正及效率問題：

Albrecht（2001）通過仿真手段研究了如何在不同的生產商之間分配碳排放權，以及不同的碳排放配額分配方法對二氧化碳（CO_2）減排的影響。研究結果表明通過排放權交易汽車生產商能有效減少二氧化碳（CO_2）的排放。

Parry（2004）採用「過去實績值」的原則對電力行業的碳排放權的分配問題進行了研究。研究發現採用這樣的碳排放權分配方式對減少電力行業的二氧化碳（CO_2）排放反而是不利的，而且這種碳減排政策會加重低收入家庭的負擔。

Smale 等（2006）研究了五類寡頭壟斷市場，分析了碳排放權交易對製造企業利潤、碳排放量以及製造企業產出等指標的影響。

Bode（2006）和 Pizer（2006）分別以電力行業為例，研究了碳稅和碳限額與交易政策對碳減排效果的影響，以及碳排放權分配的策略問題。

László（2006）、Lund（2007）、Bonacina（2007）、Demailly（2007）和 Perroni 等（2009）分別研究碳限額與交易政策對水泥行業、能源密集型製造、電力、鋼鐵和能源密集型產品貿易的影響。

Adly（2009）研究發現，碳限額與交易政策都能有效控製製造企業的碳排放量，尤其考慮到不確定性因素時，碳限額與交易政策的效果比其他低碳政策的效果好。

Hahn 等（2010）的研究認為碳限額與交易政策是控制碳排放相對有效的策略。相比其他的政府規制政策，碳限額與交易政策不僅能在不顯著增加成本的情況下有效減少製造企業的碳排放，而且在政策可行性、公平性和製造企業參與度方面具有明顯優勢。

魏東（2010）基於交易費用理論研究了碳排放權交易的效率問題。研究結果表明只有提高碳排放權交易效率才能保障外部交易市場的有效運行，並可以通過降低碳排放權交易費用和碳排放權私有化來實現。

除此以外，Johnson 等（2004）、Stranlund（2007）、Paksoy（2010）均分析了碳限額與交易政策對不同行業的影響。

現有的文獻還有很多從經濟體間的碳排放權雙邊交易規則、各經濟體在既定規則下如何展開博弈、制定單邊政策等方面展開研究：

Rose 等（1993）研究了在實施碳限額與交易政策過程中的碳排放權分配問題。研究結果表明，如果採用無償分配方式分配碳排放權，壟斷企業在碳排放權交易過程中可能會獲取暴利，造成效益損失，降低製造企業的生產能力。

Ekins（2001）和 Stern（2007）分別對碳稅政策、碳限額與交易政策的實現原理和競爭進行了研究。研究結果表明碳限額與交易政策對製造企業能夠產生持續的激勵。

Cramton 等（2002）比較研究了碳排放權公開拍賣機制和祖父制。研究表明因為公開拍賣機制為碳排放許可的分配成本提供了更多的靈活性，有利於製造企業通過技術創新來降低產品的碳排放量，因此，公開拍賣機制比祖父制更加可行和有效。

Boemare 等（2002）研究了歐洲碳排放權交易的歷史數據、碳排放權的分配方法，以及碳排放權拍賣機制的履行情況，發現了歐洲主要國家在碳排放權分配、交易與管理方面存在的問題。

Kuikr（2004）在其研究中設計實施了碳排放權的配給方式不同的兩種碳限額與交易政策，並比較了兩種政策的差異和混合使用的效果。

Rehdanz 等（2005）研究發現為了實現自身利潤最大化，出口國將減少碳減排目標，而更多出售多餘的碳排放權獲利。

Murray 等（2009）分析了碳稅和碳限額與交易政策對社會福利效果的影響。研究結果表明在碳排放權可以存儲和外借的情況下，從社會福利的效果來看，碳限額與交易政策高於碳稅政策。

Lee 等（2011）用博弈論分析了參與碳排放貿易的主要國家的利潤。他們的研究表明，「京都議定書」既不符合公平的原則，也不符合效率的原則。

Betz 等（2010）、Goeree 等（2010）、Lopomo 等（2011）針對目前初始的免費分配、有償分配、免費和拍賣混合機制等碳排放權分配的主要方式進行了研究。研究結果均表明免費的初始分配方式沒有拍賣的方式好。

Zetterberg 等（2012）則通過他們的研究認為拍賣會使在體系內的製造企業在面臨體系外部製造企業競爭時處於不利地位，因此建議在政策執行初期，應採用免費分配的方式。

Subramanian（2007）、Shammin（2009）、Ahn（2010）等學者的研究也均認為碳限額與交易政策是控製碳排放相對有效的策略。

2.3 碳減排政策約束下的企業運作相關研究

碳減排政策的制定旨在減少二氧化碳（CO_2）等溫室氣體的排放。隨著各國碳減排政策的出抬與實施，環境因素對於企業經營管理的影響越來越大。企業的原材料採購、生產加工、庫存管理、新技術實施、定價、配送等企業生產經營的各個環節都必須要考慮環境因素的影響。環境因素已經成為企業日常管理工作的組成部分。為了成功應對碳減排政策帶來的挑戰，企業必須充分瞭解它的機制、理解它的含義，使它成為決策的依據，將碳減排政策的規則融入到日常管理中。Schultz等（2005）從直接影響和潛在影響兩個方面研究了氣候變化和不同的碳減排政策對企業決策的影響。他們認為，碳減排對於大多數企業來說還是一個新問題，企業必須瞭解氣候變化和碳減排政策對自身企業的影響，並將碳排放權擺在和資本、人力、產品與服務同等重要的位置，並通過低碳運作、低碳技術應用、低碳產品開發、碳金融等手段發掘新的機會，獲取新的競爭優勢。總體來說，站在微觀的企業運作視角研究碳減排問題，已經引起了國內外眾多學者的重視，特別是自2009年Benjaafar將碳排放約束引入供應鏈決策以來，越來越多的學者開始關注這一領域。

2.3.1 生產與定價決策

1. 生產決策

Penkuhn等（1997）研究了有碳限額與交易政策約束的製造企業的聯合生產計劃問題。他們通過建立非線性規劃模型，運用仿真手段得到模型結果，並將結果應用於實際企業的氨合成裝置。

Dobos（2005）基於動態Arrow-Karlin模型，比較了無碳排放權交易和有碳排放權交易下的製造企業最優生產量，並探討了碳排放權交易對製造企業生產決策的影響。研究表明考慮碳排放權交易時製造企業應增加一個線性的碳排放權買賣成本。

Letmathe等（2005）採用混合整數規劃方法，建立了不同類型的環境約束下的最佳產品組合。研究結果表明，公司應該隨著他們的生產量來確定生產。

Rong等（2006）以熱電廠為研究對象，建立了碳限額與交易政策約束下的企業最優生產模型，並採用隨機優化方法進行求解並確定了熱電廠的最優生產量。

杜少甫等（2009）研究了企業碳排放權獲得的渠道，並得到了碳限額與交易政策約束下碳排放企業的最優生產量、淨化量及淨化水平的最優策略組合。

Rosič等（2009）將碳排放納入企業決策，建立了一個考慮碳排放成本約束的的單週期對偶模型，以解決傳統企業只考慮經濟效益，而忽略環境影響的問題。

Arslan等（2010）在傳統EOQ模型的基礎上新增了碳足跡，運用單變量優化模型分析了製造企業在碳限額與交易政策約束下的最優生產數量。

Zhang等（2011）以報童模型為基礎，建立了存在碳排交易機制的生產與庫存優化決策模型，以解決企業產品面臨隨機需求時的庫存決策問題。

桂雲苗等（2011）建立了隨機需求和政府配額限制下基於CVaR測度的製造企業生產優化決策模型。

何大義等（2011）則運用庫存理論，建立碳限額與交易政策約束下的製造企業生產與庫存決策模型，得出了製造企業的最優生產、碳排放權交易和減排策略。

Bouchery等（2012）考慮碳排放約束，將傳統的經濟訂貨批量模型拓展為多目標決策模型，得到了考慮碳排放約束時製造企業的最優訂貨批量，並分析了碳減排政策對製造企業最優訂貨批量的影響。

Tsai等（2012）將碳稅作為製造商的一項生產成本，利用數學規劃的方法研究了生產綠色產品的製造商的生產決策問題，得到了不同情形下製造商的最優生產量。

Hong等（2012）研究了綠色製造商的生產模型，在給定碳限額政策的情形下，利用動態規劃的方法，求解了單週期製造商的最優生產和碳排放權交易策略，並對碳排放權交易價格的影響進行了分析。

魯力等（2012）研究了碳排放權交易對製造企業的生產決策和期望利潤的影響。研究表明碳碳排放權交易可以為製造企業創造新的盈利空間。

Song等（2012）將碳排放約束納入單週期報童模型中，主要比較分析了碳限額、碳稅、碳限額與交易三種碳減排政策對製造企業生產決策和期望利潤的影響。

Yann等（2012）將傳統的EOQ模型轉變為一個多目標規劃模型（低碳經濟訂貨批量模型），獲得帕累托最優解，以此顯示碳減排政策的有效性。

夏良杰等（2013）研究低碳環境下的政府碳配額分配和製造企業產量與減排研發決策問題。

Chen等（2013）考慮了一個生產具有替代關係的兩產品製造企業，研究

了在碳限額政策和碳限額與交易政策對製造企業最優生產決策和期望利潤的影響。

Rosic 等（2013）假定了一個面臨雙源採購（境內和境外）的零售商，在碳限額與交易政策約束下研究了其最優訂貨量和最優訂貨源選擇。

魯力等（2013）研究了兩產品製造企業，在碳限額與交易政策約束下的生產決策問題，並分析了碳限額與交易政策對製造企業最優生產量和期望利潤的影響。

魯力（2014）研究了碳限額與交易政策約束下，碳排放權交易價格與製造企業綠色產品生產成本的關係。研究表明碳限額與交易政策對控製碳排放和促進綠色製造起著重要的積極作用。

Giraud-Carrier（2014）在三種主要的排放政策（限額、限額與交易、排放稅）下，模擬了製造企業的運作決策過程。他們指出在任何規制政策約束下，產量將不可避免的減少，但是當污染帶來的負效應很大時，這些規制政策將會使社會整體福利有所提高。

2. 定價決策研究方面

Hua 等（2011）研究碳限額與交易政策約束下聯合考慮零售商訂貨和定價決策，在得出零售商的最優訂貨量和最優零售價格的基礎上，分析了碳排放權交易對零售商最優訂貨量、最優銷售價格和最大期望利潤的影響。

朱躍釗等（2013）介紹了實物期權的內涵、基本類型及其應用價值，在此基礎上，研究了實物期權定價模型的選取，並利用 B-S 實物期權定價模型對碳排放權的定價進行了分析。

Zhang（2013）基於隨機需求下也做了相關的研究，通過報童模型建立了製造企業依賴碳排放權交易機制下的生產與存儲的優化決策模型，得到了產品的最優銷售價格決策。

Choi（2013）基於報童模型分析了在碳限額與交易政策約束下，產品價格對零售商採購源選擇的影響。

侯玉梅等（2013）在假設碳權交易市場管理者是理性人的基礎上，運用博弈論研究了碳權交易價格對閉環供應鏈中定價的影響。

趙道致等（2014）在政府實施碳總量管制與交易制度的背景下，研究了消費者低碳偏好程度未知情況下企業低碳產品線的定價問題，得出了低碳產品線每類產品的最佳單位減排量和其零售價格的最佳加價額。

高舉紅等（2014）針對由單一製造商、單一零售商和單一第三方組成的閉環供應鏈，利用 Stackelberg 博弈，研究了分散決策下基於補貼、碳稅、補貼

和碳稅的獎懲機制決策的閉環供應鏈定價策略。基於補貼和碳稅的獎懲機制決策更能有效降低閉環供應鏈碳排放量、提高回收率。

馬秋卓等（2014）基於供應鏈子網及碳排放權交易子網構建了一個超網路模型，研究了一個由多個供應商、多個製造商和多個市場組成的三級供應鏈系統中產品的最優銷售價格與產量決策問題。

隨後，馬秋卓等（2014）研究了在碳限額與交易政策約束下，製造企業低碳產品的最優銷售價格及碳排放策略問題。

2.3.2　生產技術選擇

Klingelhöfer 等（2009）研究了存在碳排放權交易情形時，企業進行排污處理技術投資，碳排放權交易對企業技術投資的影響。研究表明，碳排放權交易的存在對企業進行技術投資會有影響，但這一影響對於企業進行環保投資並不總是正向的激勵，有時可能是負向的。

Zhao 等（2010）以完全競爭市場為研究對象，研究了該種市場中，當存在外部碳交易市場，可以進行碳排放權交易時，製造企業如何進行技術選擇的問題。

Drake 等（2010）研究了當存在碳排放權交易和碳稅兩種政策時，企業如何進行綠色技術選擇和能力決策的問題。

Krass 等（2010）研究徵收碳稅對企業生產技術選擇的影響，通過 Stackelberg 博弈模型研究發現，適當的稅收可以刺激企業選擇綠色技術。

常香雲等（2012）結合建築用鋼鐵製造/再製造案例，分析不同政策場景下企業製造/再製造生產決策的異同。研究結果表明碳減排政策會影響企業的製造/再製造決策，其中，如果能設置合理的碳排放限額，碳限額政策可以較好地引導企業選擇低碳減排技術。

Toptal 等（2014）研究了碳限額與交易政策約束下，製造企業採購和綠色技術投資的聯合決策，並比較了不同政策對製造企業最優訂貨量和綠色技術投資決策的影響。

2.3.3　運輸模式選擇

Masanet 等（2008）將碳足跡引入供應鏈的各個環節，並對供應鏈各個環節中的碳排放量進行測量。

Corinne 等（2009）研究發現，供應鏈成員企業之間，如果採用的運輸方式不同，將對產品的碳足跡產生很大的影響。

Akker等（2009）研究了不同的碳減排政策對企業運輸模式選擇的影響，重點分析了對航空、公路、鐵路和水路四種運輸模式選擇的影響，以及在不同碳減排政策影響下企業如何進行相應的路徑優化。

Kim等（2009）以卡車聯合運輸網路為研究背景，主要研究了在這樣一種運輸網路中的碳排放量和運輸成本之間的關係問題。

Hoen等（2009）研究了碳減排政策對供應鏈上的企業運輸方式選擇的影響。研究結果表明在不同的條件下調整運輸方式，可以有效地降低碳排放。

Hoen等（2010）研究了當存在碳排放成本和碳排放限額兩種約束時，供應鏈上的企業如何進行運輸模式的選擇問題。研究其結果表明，碳排放限額對於降低碳排放更有效。

Hoen等（2011）進一步研究了當供應鏈上的企業將運輸外包時，如何進行碳減排的決策，以及如何進行運輸方式的選擇和定價。

2.3.4 供應鏈網路設計

Ramudhin等（2008）研究了具有碳敏感型特點的市場中，當存在碳限額與交易政策約束時，如何基於綠色供應鏈設計理念進行供應鏈網路設計。

Diabat等（2009）以成本最小和碳排放量不超過限額為決策目標，研究了碳減排政策對物流設施選址佈局的影響。

Cachon（2009）研究了當存在碳減排政策約束時，碳足跡對供應鏈營運和供應鏈空間結構設計的影響。

Cholette等（2009）以葡萄酒分銷為例研究了供應鏈結構和碳排放之間的關係。研究表明不同的供應鏈結構對碳排放量的多少影響很大。在進行供應鏈設計時，必須將環境因素納入考慮因素。

Harris等（2011）以歐洲汽車行業為背景，研究了當存在碳減排政策約束時的供應鏈設計。研究結果表明，由於基於成本的供應鏈最優設計與基於碳減排的供應鏈最優設計二者的目標並不總是一致的，因此在進行供應鏈設計時必須同時考慮供應鏈企業的經濟效益和環境目標。

Ramudhin等（2010）研究了不同供應鏈環境和碳減排政策約束下，供應鏈企業在總成本和碳排放之間的決策行為，率先提出了在綠色供應鏈網路設計中必須考慮外部碳市場因素。

Sundarakani等（2010）將碳足跡納入供應鏈網路的設計和運作過程，分析了碳減排政策對供應鏈網路設計和運作的影響。

Sadegheih（2011）運用遺傳算法等多種工具，研究了碳限額與交易政策

約束下的物流網路設計問題。

Cachon（2011）研究了當存在碳減排政策約束時，供應鏈中的零售商如何佈局其下游網點的問題。

Chaabane 等（2012）研究了碳限額與交易政策約束下可持續供應鏈網路的設計問題，通過建立混合整數線性規劃模型發現有效的碳排放管理策略可以幫助企業實現其可持續發展的決策目標。

2.3.5 供應鏈營運決策

在供應鏈層面上，研究分析認為，外部碳交易市場的存在會在一定程度上改變供應鏈的結構。而且，站在全局角度思考供應鏈各環節中的碳排放問題，既可以實現碳減排，甚至還可以為供應鏈上的企業創造新的價值。

Benjaafar 是較早研究碳排放約束對企業營運決策影響的學者，他發現在 2009 年之前，在 *Management Science*，*Operations Research*，*Manufacturing and Service Operations Management* 等國際頂級學術期刊上還沒有一篇文獻直接同時關注碳排放與生產營運的問題。隨後，Benjaafar 等（2013）將碳排放因素作為重要指標引入供應鏈決策。研究表明，碳排放因素對整個供應鏈及其供應鏈上的企業決策都會產生重要的影響。

Benedetto 等（2009）提出 LCA 法（生命週期評價法），這種方法強調企業應該關注從原材料採購到廢棄物最終回收的全過程，並對過程中產生的碳排放進行跟蹤和分析。

張靖江（2010）研究了考慮排放依賴型生產商和排放權供應商所構成的兩階段排放依賴型供應鏈的決策優化問題。研究結果給出了供應鏈雙方的最優決策和供應鏈的整體最優決策。

Subramanian 等（2010）運用非線性規劃把供應鏈傳統的決策要素與新增的環境要素綜合起來，研究了如何在碳排放額度給定和多週期的情況下決策碳排放權的買賣問題，並提出了一個將環境約束納入供應鏈管理決策的框架。

Lee（2011）以現代汽車公司為例，對碳足跡引入供應鏈管理進行了案例研究，提出了在碳限額與交易政策約束下降低碳風險的供應鏈管理策略。

Hua 等（2011）基於傳統的 EOQ 模型，將碳足跡納入企業的庫存管理決策，研究了碳配額與交易政策約束下的單產品的補貨問題，並分析了碳排放權交易、碳配額價格和碳配額對企業訂貨策略的影響。

Wahab 等（2011）研究了碳限額與交易政策約束下，一個兩級供應鏈的訂貨策略問題，通過建立以成本最小化為目標的經濟訂貨批量模型，給出了零

售商的最優訂貨策略。

Erica（2012）通過對世界上最大製造企業和新興製造企業的經驗進行研究，提出製造企業在供應鏈減排的約束下是可以盈利的，並指出現有的供應鏈排放量減少會有額外的盈利機會。

Mohamad（2013）等建立了一個基於合作機制的兩級供應鏈模型，考慮不同的碳排放權交易機制，以及這些機制的組合。研究發現這些模型對於減少供應鏈中庫存成本和碳排放成本有極大幫助。

Jaber 等（2013）考慮了由一個製造商和一個零售商構成的兩級供應鏈，在碳限額與交易政策約束下研究了由製造商承擔碳成本的供應鏈協調機制。

Jin 等（2013）研究了碳限額與交易政策等碳減排政策對供應鏈網路設計和零售商物流運輸的影響。數值分析表明不同碳減排政策對運輸成本和減排效果有直接影響。

Du 等（2013）在限額與交易的情形下，考慮由一個碳排放製造企業和一個碳排放權供應商構成的兩級供應鏈，利用非合作博弈理論設計了實現供應鏈協調的機制。

Badole 等（2013）在其文獻綜述中，對碳排放約束下的供應鏈協調問題的研究進行了展望。

徐麗群（2013）設計了包含碳減排責任劃分與成本分攤模塊的低碳供應鏈構建系統框架。研究提出低碳供應鏈構建不僅需要供應鏈成員分攤碳減排成本，而且需要共同分享供應鏈碳減排獲得的收益。

趙道致等（2014）基於價格和減排努力的線性函數供應商和製造商都考慮減排和碳排放權交易，研究供應鏈製造企業面對低碳減排政策的減排決策方法。

Tseng 等（2014）考慮了碳排放的社會成本，研究了碳限額與交易政策約束下的可持續供應鏈的戰略決策制定模型。

謝鑫鵬等（2014）基於報童模型研究由兩個產品製造商和上游碳配額供應商所組成的供應鏈系統的生產和交易決策問題，但其只考慮了碳排放權交易沒考慮製造企業的碳排放行為。

2.4 文獻簡評

通過文獻綜述不難發現，現有關於碳減排政策的研究主要在宏觀層面研究與討論的較多，而微觀層面上研究碳限額與交易政策約束下的生產定價問題的

文獻雖然在近年來越來越多，且這些研究為本書的研究奠定了一定的理論基礎，但是仍存在以下幾個方面的問題。

第一，從微觀角度研究，立足隨機需求，研究在碳限額與交易政策約束下的製造企業生產與定價的文獻較少。通過現有研究發現，關於碳限額與交易政策文獻多在研究碳限額與交易政策和居民生活、經濟發展的關係，經濟體間的碳排放權雙邊交易規則，各經濟體在既定規則下如何展開博弈及制定單邊政策，碳排放權交易和碳減排政策對國家或行業的經濟影響等。現有的關於在碳限額與交易政策約束下研究企業運作的文獻也多以確定性需求為研究背景。然而在現實情況下，一方面製造企業面臨碳減排的壓力不斷增大，另一方面製造企業面臨的需求越來越難以確定。因此，本書立足隨機需求，研究碳限額與交易政策約束下的製造企業生產運作問題。

第二，在碳限額與交易政策約束下，針對兩種市場結構，研究碳限額與交易政策對製造企業生產運作的研究較少。通過現有研究發現，碳減排的壓力和碳限額與交易政策對不同市場結構中的製造企業都會產生影響。而現有研究較少明確研究碳限額與交易政策對不同市場結構中的製造企業生產運作的影響。而在現實中，不同市場類型中的製造企業由於所處的決策環境和決策要素不同，在碳限額與交易政策約束下，其生產運作行為也有很大不同。因此，本書針對現有研究的不足，從自由市場和壟斷市場兩個層面出發，分別研究了面臨隨機需求時，碳限額與交易政策約束下的製造企業單產品生產與定價決策和兩產品生產與定價決策。

第三，在碳限額與交易政策約束下，研究綠色技術投入對生產與定價決策影響的研究較少。由於全球碳排放的限制和限額與交易機制的建立以及消費者環保意識的增強，製造企業面臨的外部壓力已經顯現，碳排放因素和滿足消費者對綠色產品的需求已成為製造企業生產運作必須考慮的要素。這對製造企業的生產、庫存管理以及營銷策略帶來了新的挑戰。製造企業已經越來越清晰地認識到，除政府的碳排放配給外，還可以通過減少產量、生產綠色產品、投資治污技術和購買碳排放權四種方式獲得額外碳排放權。但是現有的理論研究多是從投資角度對綠色技術投入進行了研究，而研究綠色技術投入對製造企業生產決策和定價決策的影響，將綠色技術投入納入製造企業的生產決策，尤其是定價決策的研究較少。因此，本書研究製造企業在面臨隨機需求與碳限額與交易政策約束的條件下，將綠色技術納入生產決策和定價決策中，並分析綠色技術投入對其生產決策與定價決策的影響。研究結論能有效指導製造企業運用綠色技術投入實踐。

3 考慮碳限額與交易政策的製造企業單產品生產決策

本章主要研究單一產品製造企業在碳限額與交易政策約束下的生產決策問題。

3.1 問題描述與假設

在一個自由市場中，考慮一個生產單一產品的製造企業，它面臨的市場需求是隨機的。銷售期結束時，剩餘庫存會按照殘值進行處理。同時，製造企業也會面臨缺貨損失。在碳限額與交易政策約束下，政府規定了一個最大的碳排放量，即碳限額 $K(K>0)$。

為了表述方便，模型中符號的含義如表 3-1 所示。

表 3-1　　　　　　　　　　模型中符號的含義

參數	參數含義
$f(?)$	產品的隨機需求概率密度函數
$F(?)$	產品的隨機需求分佈函數
p	單位產品價格
r	每單位產品的缺貨機會成本
v	每單位產品在銷售期末的殘值
K	政府規定的最大碳排放量
W	外部碳交易市場的交易量
w	每單位碳排放權價格

表3-1(續)

參數	參數含義
Q	產品產量
T	製造企業綠色技術投入水平
c	未進行綠色技術投入時，每單位產品的生產成本
$c(T)$	進行綠色技術投入后，每單位產品的生產成本
k	未進行綠色技術投入時，每單位產品的碳排放量
$k(T)$	進行綠色技術投入后，每單位產品的碳排放量

上述參數必須滿足某些條件，才能使建立的模型有實際意義，所以假設：

(1) 產品是短週期銷售產品，市場較穩定，產品在銷售期內價格不變。

(2) $p \geq c > v > 0$，一方面，這個條件說明每個在消費者市場上出售的產品都將會為製造企業帶來利潤的增長。另一方面，若有一個產品未售出，那麼製造企業將會有利潤上的損失。

(3) 假設製造企業必須維持正常生產，且是理性的，會權衡碳排放權交易和進行綠色技術投入所帶來的收益與成本。

(4) 考慮製造企業可以通過綠色技術投入來減少碳排放量。中外學者在探討綠色技術投入成本問題時，普遍認為綠色技術投入成本函數應該與實際相符，並且通常假設綠色技術投入成本隨著綠色技術投入水平的上升而加速上升。因此，假設進行綠色技術投入時的單位產品生產成本為 $c(T)$，它是連續可微的，隨綠色技術投入水平 T 的上升而加速上升，T 的取值範圍為 0 到 1，如圖3-1所示。$c'(T) > 0$，$c''(T) > 0$，$c(0) = c$。$k(T)$ 為企業進行綠色技術投入時單位產品的碳排放量，$k'(T) < 0$，$k''(T) \geq 0$，且 $k(0) = k$。

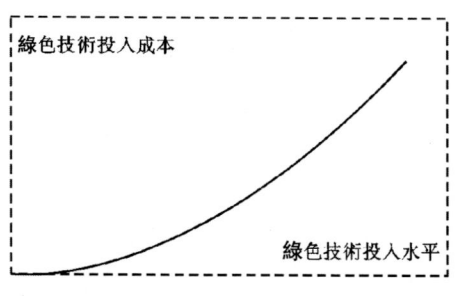

圖 3-1 綠色技術投入函數曲線

(5) 定義 $\theta(Q) = \dfrac{1}{k(T)} \dfrac{d\pi(Q)}{dQ}$ 為單位碳排放權所帶來的製造企業期望利潤

增加，即 $\theta(Q) = \dfrac{1}{k(T)}((p + r - c(T)) - (p + r - v)F(Q))$。且當 $T = 0$ 時，$\theta(Q)$ 退化為 $\theta(Q) = \dfrac{1}{k}((p + r - c) - (p + r - v)F(Q))$。

3.2 基礎模型

令 x 為產品的隨機需求，x 服從需求的概率密度函數為 $f(?)$ 的分佈，產品的隨機需求分佈函數為 $F(?)$。p、c、v 和 r 分別為每單位產品的零售價格、生產成本、銷售期末的殘值和缺貨的機會成本。μ 為每單位產品缺貨量的均值。若製造企業的生產量為 Q，製造企業在無碳限額約束時的期望利潤函數為：

$$\pi^n(Q) = pE\min(Q, x) + vE(Q - x)^+ - rE(x - Q)^+ - cQ \qquad (3.1)$$

製造企業在此情況下的決策目標在於最大化期望利潤。

其中，$E\min(Q, x)$ 表示期望銷售量；$E(Q - x)^+$ 表示期望剩餘量；$E(x - Q)^+$ 表示期望缺貨量。

由於：

$$E\min(Q, x) = Q - \int_0^Q F(x)dx;\ E(Q - x)^+ = Q - E\min(Q, x);\ E(x - Q)^+ = \mu - E\min(Q, x)。$$

所以式 3.1 可化簡為：

$$\pi^n(Q) = (p + r - c)Q - (p + r - v)\int_0^Q F(x)dx - r\mu$$

$\pi^n(Q)$ 關於 Q 的一階偏導數為：

$$\dfrac{\partial \pi^n(Q)}{\partial Q} = -(p + r - v)F(Q) + p + r - c$$

$\pi^n(Q)$ 關於 Q 的二階偏導數為：

$$\dfrac{\partial^2 \pi^n(Q)}{\partial Q^2} = -(p + r - v)f(Q) < 0$$

所以函數 $\pi^n(Q)$ 是關於 Q 的凸函數，根據經典報童模型可得製造企業存在一個最優生產量，且最優生產量 Q^* 滿足：$F(Q^*) = \dfrac{p + r - c}{p + r - v}$。

則製造企業在無碳限額約束時的期望利潤為：

$$\pi^n(Q^*) = (p + r - c)Q^* - (p + r - v)\int_0^{Q^*} F(x)dx - r\mu$$

當政府規定了一個最大的碳排放量，即碳限額 $K(K>0)$ 時，製造企業在進行生產活動時產生的碳排放量不能超過政府規定的這一強制限額。

製造企業在此情形下的期望利潤函數為：

$$\begin{cases} \pi^K(Q) = pE\min(Q,x) + vE(Q-x)^+ - rE(x-Q)^+ - cQ \\ s.t. \quad kQ \leq K \end{cases} \quad (3.2)$$

製造企業在此情況下的決策目標在於最大化期望利潤。

命題 3.1：當政府規定了碳限額 $K(K>0)$ 時，使製造企業期望利潤最大化的最優生產量存在且唯一，最優生產量為 $Q_K^* = \begin{cases} Q^* & K \geq kQ^* \\ \dfrac{K}{k} & K < kQ^* \end{cases}$。

證明：

式 3.2 問題可以轉化為：

$$\begin{cases} \min \Pi^K(Q) = -\pi^K(Q) \\ g_1(Q) = Q \geq 0 \\ g_2(Q) = \dfrac{K}{k} - Q \geq 0 \end{cases}$$

其目標函數和約束函數的梯度為：

$\nabla \Pi^K(Q) = -(p+r-c) + (p+r-v)F(Q)$；

$\nabla g_1(Q) = 1$；

$\nabla g_2(Q) = -1$。

對第一個和第二個約束條件分別引入廣義拉格朗日乘子 γ_1^*，γ_2^*，設 $K-T$ 點為 Q_K^*，則該問題的 $K-T$ 條件為：

$$\begin{cases} -(p+r-c) + (p+r-v)F(Q_K^*) - \gamma_1^* + \gamma_2^* = 0 \\ \gamma_1^* Q_K^* = 0 \\ \gamma_2^* \left(\dfrac{K}{k} - Q_K^*\right) = 0 \\ \gamma_1^*, \gamma_2^* \geq 0 \end{cases}$$

對上述方程組分以下情況討論：

(情況 3.1) 令 $\gamma_1^* \neq 0$，$\gamma_2^* \neq 0$，無解；

(情況 3.2) 令 $\gamma_1^* \neq 0$，$\gamma_2^* = 0$，解之得：$Q_K^* = 0$，$\gamma_1^* = -(p+r-c)$，不是 $K-T$ 點；

(情況 3.3) 令 $\gamma_1^* = 0$，$\gamma_2^* \neq 0$，解之得：$Q_{K1}^* = \dfrac{K}{k}$，$\gamma_2^* = (p+r-c) - (p+$

$r - v)F(K/k)$；

(情況3.4) 令 $\gamma_1^* = 0$，$\gamma_2^* = 0$，解之得 $Q_{K2}^* = F^{-1}\left(\dfrac{p+r-c}{p+r-v}\right)$，是 $K-T$ 點。

（1）由情況3.3可知，當 Q_{K1}^* 是 $K-T$ 點時，需有如下不等式成立：

$F(K/k) < \dfrac{p+r-c}{p+r-v}$；

因為 $Q_{K2}^* = F^{-1}\left(\dfrac{p+r-c}{p+r-v}\right)$，所以當 Q_{K1}^* 是 $K-T$ 點時，Q_{K2}^* 不是 $K-T$ 點。製造企業的最優生產量為 $Q_{K1}^* = \dfrac{K}{k}$。

（2）由情況3.4可知，當 Q_{K2}^* 是 $K-T$ 點時，需有如下不等式成立：

$F(K/k) \geqslant \dfrac{p+r-c}{p+r-v}$；

因為 $\gamma_2^* = (p+r-c) - (p+r-v)F(K/k)$，所以當 Q_{K2}^* 是 $K-T$ 點時，$\gamma_2^* \leqslant 0$。因此，Q_{K1}^* 不是 $K-T$ 點。製造企業的最優生產量為：$Q_{K2}^* = F^{-1}\left(\dfrac{p+r-c}{p+r-v}\right)$，退化為無碳限額約束情形下的企業最優產量。

綜上所述，當政府規定了最大的碳排放量，即碳限額 $K(K>0)$ 時，存在一個使得製造企業期望利潤最大化的生產量 $Q_K^* = \begin{cases} Q^* & K \geqslant kQ^* \\ \dfrac{K}{k} & K < kQ^* \end{cases}$。

得證。

為了討論碳限額對製造企業生產決策和期望利潤的影響，有如下推論：

推論3.1： 在碳限額約束下，製造企業的最優生產量 $Q_K^* \leqslant Q^*$，期望利潤 $\pi^K(Q_K^*) \leqslant \pi^n(Q^*)$。

證明：

構造拉格朗日因子 $\varphi \geqslant 0$，由式3.2約束條件可得：

$\begin{cases} kQ - K \leqslant 0 \\ \varphi(kQ-K) = 0 \\ -(p+r-v)F(Q) + p+r-c - \varphi k = 0 \end{cases}$

當 $\varphi = 0$ 時，可得 $\dfrac{d\pi^n(Q)}{dQ} = 0$，因此，可以得到 $Q_K^* = Q^*$，$kQ_K^* \leqslant K$。

當 $\varphi > 0$ 時，可得 $\dfrac{d\pi^n(Q)}{dQ} = -(p+r-v)F(Q) + p+r-c = \varphi k > 0$，因此，

可以得到 $Q_K^* < Q^*$，$kQ_K^* = K$。

綜上所述，製造企業在碳限額約束下的最優生產量 $Q_K^* \leq Q^*$。

當 $kQ_K^* \leq K$ 時，那麼 $Q_K^* = Q^*$，由此可以得到 $\pi^K(Q_K^*) = \pi^n(Q^*)$。

當 $kQ_K^* > K$ 時，那麼 $Q_K^* < Q^*$，因為 $\pi^n(Q^*)$ 的極大值性，可得 $\pi^K(Q_K^*) = \pi^n(Q_K^*) < \pi^n(Q^*)$。

綜上可得，製造企業在碳限額約束下的期望利潤 $\pi^K(Q_K^*) \leq \pi^n(Q^*)$。

得證。

命題 3.1 和推論 3.1 表明，由於存在政府規定的碳限額約束，製造企業的生產決策會受到碳限額的影響，製造企業的最優生產量和期望利潤不會高於無碳限額約束時的最優生產量和期望利潤。

同時，由以上分析可知，當 $K \geq kQ_K^*$ 時，即政府規定的初始碳限額指標過高，高於製造企業在無碳限額情形下最優生產決策時產生的二氧化碳（CO_2）排放量，企業的最優生產決策退化為無碳限額約束時的最優生產決策，此時，有碳排放權剩餘。當 $K < kQ_K^*$ 時，製造企業的生產決策受到政府規定碳限額的約束，此時，無碳排放權剩餘。

3.3 拓展模型

碳限額與交易政策是一種通過市場調節碳排放的政策手段。在碳限額與交易政策約束下，政府規定一個最大碳排放量，即碳限額 $K(K > 0)$。製造企業在進行生產活動時產生的碳排放量不能超過政府規定的強制限額，但碳排放配額不足的製造企業可以在外部碳交易市場上向擁有多餘碳排放配額的製造企業購買碳排放權。而碳排放配額充足的製造企業可以在外部碳交易市場上出售多餘的碳排放配額進行碳排放權交易以獲利。同時，越來越多的製造企業意識到在產品的生產過程中實施綠色技術投入，能夠降低單位產品的碳排放量，獲得碳排放權的節約。

因此，本部分將分三種情形討論：

（1）在碳限額約束下，製造企業將考慮進行碳排放交易的決策；

（2）在碳限額約束下，製造企業將考慮進行綠色技術投入的決策；

（3）在碳限額約束下，製造企業將考慮進行碳排放交易和綠色技術投入的組合決策。

后續章節均按照此決策順序展開研究。

3.3.1 情形一：進行碳排放權交易決策

情形一是在碳限額約束下，製造企業將進行碳排放交易的決策。其中 W 為外部碳交易市場上的碳排放權交易量，w 為單位碳排放權的價格。

製造企業在此情形下的期望利潤函數為：

$$\begin{cases} \pi^e(Q) = pE\min(Q, x) + vE(Q-x)^+ - rE(x-Q)^+ - cQ - wW \\ s.t. \quad kQ = K + W \end{cases} \quad (3.3)$$

$kQ = K + W$ 意味著製造企業的總碳排放量必須等於政府的初始碳排放配額與外部碳交易市場碳排放交易數量之和。其中：

當 $W > 0$ 時，意味著製造企業將從外部碳交易市場購買碳排放配額；

當 $W = 0$ 時，意味著製造企業將不會在外部碳交易市場上進行碳排放權交易；

當 $W < 0$ 時，意味著製造企業將在外部碳交易市場上售出使用不完的配額。

通過對製造企業在此情形下的最優生產決策進行討論，得到了以下命題：

命題 3.2：製造企業進行碳排放交易的決策，使製造企業期望利潤最大化的最優生產量存在且唯一，最優生產量為 $Q_e^* = F^{-1}\left(\dfrac{p+r-c-wk}{p+r-v}\right)$，且滿足條件 $\theta(Q_e^*) = w$，碳排放權交易量 $W_e^* = kQ_e^* - K$。

證明：

由式 3.3 可知 $W = kQ - K$，因此期望利潤函數變為：

$$\pi^e(Q_e) = (p+r-c)Q_e - (p+r-v)\int_0^{Q_e} F(x)dx - r\mu - w(kQ_e - K)$$

$\pi^e(Q_e)$ 關於 Q_e 的一階偏導數為：

$$\frac{\partial \pi^e(Q_e)}{\partial Q_e} = (p+r-c) - (p+r-v)F(Q_e) - wk$$

$\pi^e(Q_e)$ 關於 Q_e 的二階偏導數為：

$$\frac{\partial^2 \pi^e(Q_e)}{\partial Q_e^2} = -(p+r-v)f(Q_e) < 0$$

所以函數 $\pi^e(Q)$ 是關於 Q_e 的凸函數，根據經典報童模型可得製造企業存在唯一的最優生產量：$Q_e^* = F^{-1}\left(\dfrac{p+r-c-wk}{p+r-v}\right)$。

令 $\dfrac{d\pi^e(Q_e)}{dQ_e} = 0$，可以得出：

$(p + r - c) - (p + r - v)F(Q_e) = wk$，則有：

$\frac{1}{k}((p + r - c) - (p + r - v)F(Q_e)) = w$。

即：$\theta(Q_e^*) = w$。

碳排放權交易量為 $W_e^* = kQ_e^* - K$。

得證。

當 $\theta(Q_e^*) > w$ 時，單位碳排放權所產生的利潤高於一單位的碳排放權價格，製造企業將從外部碳交易市場購買碳排放權來生產更多的產品以獲得更多的利潤。

當 $\theta(Q_e^*) < w$ 時，單位碳排放權所產生的利潤低於一單位的碳排放權價格，製造企業將在外部碳交易市場上出售碳排放權。

當 $\theta(Q_e^*) = w$ 時，單位碳排放權所產生的利潤等於一單位的碳排放權價格，製造企業將不會在外部碳交易市場上進行碳排放權交易。此時，製造企業存在一個最優的生產決策，使得企業期望利潤最大。

為了討論碳限額與交易對生產決策的影響，可以得到以下命題：

推論 3.2：

（1）若 $\theta(Q_K^*) = w$，那麼，$Q_e^* = Q_K^* < Q^*$；

（2）若 $\theta(Q_K^*) < w$，那麼，$Q_e^* < Q_K^* < Q^*$；

（3）若 $\theta(Q_K^*) > w$，那麼，$Q_K^* < Q_e^* < Q^*$。

證明：

$\theta(Q)$ 對 Q 求導，$\frac{d\theta(Q)}{dQ} = \frac{1}{k}(-(p + r - v)f(Q)) < 0$，由此可以看出 $\theta(Q)$ 是關於 Q 的遞減函數。

由命題 3.1 和命題 3.2 可得：$\theta(Q^*) = 0$，$\theta(Q_e^*) = w$，因此，$Q^* > Q_e^*$。

（1）若 $\theta(Q_K^*) = w$，$\theta(Q_e^*) = \theta(Q_K^*)$，意味著在碳限額情形下多獲取一單位碳排放權所帶來的利潤增加等於購買碳排放權的成本，製造企業將不會進行碳排放權交易。所以，碳限額與交易下的最優生產量等於碳限額下的最優生產量，可以得到 $Q_e^* = Q_K^*$，因此得到 $Q_e^* = Q_K^* < Q^*$。

（2）若 $\theta(Q_K^*) < w$，$\theta(Q_e^*) > \theta(Q_K^*)$，意味著在碳限額情形下多獲取一單位碳排放權所帶來的利潤增加小於購買碳排放權的成本，製造企業將會考慮出售碳排放權。所以，碳限額與交易下的最優生產量小於碳限額下的最優生產量，可以得到 $Q_e^* < Q_K^*$，因此得到 $Q_e^* < Q_K^* < Q^*$。

（3）若 $\theta(Q_K^*) > w$，$\theta(Q_e^*) < \theta(Q_K^*)$，意味著在碳限額情形下多獲取一

單位碳排放權所帶來的利潤增加大於購買碳排放權的成本，製造企業將會購買碳排放權來生產更多產品。所以，碳限額與交易下的最優生產量高於碳限額下的最優生產量，可以得到 $Q_e^* > Q_K^*$，因此得到 $Q_K^* < Q_e^* < Q^*$。

得證。

推論 3.2 表明進行碳排放權交易時，製造企業的最優生產量不高於無碳限額約束時的最優生產量，是否高於碳限額約束時的最優生產量主要取決於產品在碳限額約束下單位碳排放權所帶來的期望利潤增加的大小。

為了討論碳限額與交易對製造企業期望利潤的影響，可以得到以下命題：

推論 3.3：當 $K^* = kQ_e^* + \frac{1}{w}(\pi^n(Q^*) - \pi^e(Q_e^*))$ 時：

(1) 若 $K > K^*$ 時，$\pi^e(Q_e^*) > \pi^n(Q^*) \geq \pi^K(Q_K^*)$；

(2) 若 $K = K^*$ 時，$\pi^e(Q_e^*) = \pi^n(Q^*) > \pi^K(Q_K^*)$；

(3) 若 $K < K^*$ 時，$\pi^n(Q^*) > \pi^e(Q_e^*) \geq \pi^K(Q_K^*)$。

證明：

考慮 $\pi^e(Q_e^*)$ 的極大值性，有 $\pi^e(Q_e^*) > \pi^n(Q^*) - w(kQ^* - K)$。若 $K \geq kQ^*$ 時，在此情形下，$\pi^n(Q^*) = \pi^K(Q_K^*)$，所以，$\pi^e(Q_e^*) - \pi^K(Q_K^*) > -w(kQ^* - K) > 0$，因此，$\pi^e(Q_e^*) > \pi^K(Q_K^*)$；若 $K < kQ^*$ 時，在此情形下 $K = kQ_K^*$，考慮到 $\pi^e(Q_e^*)$ 的極大值性，$\pi^e(Q_e^*) \geq \pi^n(Q_K^*) - w(kQ_K^* - K)$，由推論 3.1 可知 $\pi^K(Q_K^*) = \pi^n(Q_K^*)$，由此可得 $\pi^e(Q_e^*) - \pi^K(Q_K^*) \geq -w(kQ_K^* - K) = 0$，所以，$\pi^e(Q_e^*) = \pi^K(Q_K^*)$。綜合可得 $\pi^e(Q_e^*) \geq \pi^K(Q_K^*)$。

若 ? $K \leq kQ_e^*$，因為 $\pi^e(Q_e^*) = \pi^n(Q_e^*) - w(kQ_e^* - K) \leq \pi^n(Q_e^*) < \pi^n(Q^*)$，所以 $\pi^e(Q^e) < \pi^n(Q^*)$；若 $K > kQ^*$，則有 $\pi^e(Q_e^*) > \pi^n(Q^*) - w(kQ^* - K) > \pi^n(Q^*)$，即 $\pi^e(Q_e^*) > \pi^n(Q^*)$。

因此，當 $K^* \in (kQ_e^*, kQ^*)$ 時，根據介值定理可知，存在一個 K^* 滿足 $\pi^e(Q_e^*) = \pi^n(Q^*)$。反解得 $K^* = kQ_e^* + \frac{1}{w}(\pi^n(Q^*) - \pi^e(Q_e^*))$。

因為 $\pi(Q?)$ 是關於 ? K 的遞增函數，因此：

(1) 若 $K > K^*$ 時，$\pi^e(Q_e^*) > \pi^n(Q^*) \geq \pi^K(Q_K^*)$；

(2) 若 $K = K^*$ 時，$\pi^e(Q_e^*) = \pi^n(Q^*) > \pi^K(Q_K^*)$；

(3) 若 $K < K^*$ 時，$\pi^n(Q^*) > \pi^e(Q_e^*) \geq \pi^K(Q_K^*)$。

得證。

由推論 3.3 可知，進行碳排放權交易時，製造企業最大期望利潤一直高於不進行碳排放權交易時的利潤。碳排放權交易給製造企業帶來更多的靈活性，

可以令其利潤增加。然而，進行碳排放權交易時，製造企業的最大期望利潤是高於、等於還是低於無碳限額約束時的利潤取決於政府期初給予製造企業的碳配額。

以上分析表明，當製造企業最優生產所產生的二氧化碳（CO_2）排放量低於政府制定的碳限額時，企業有碳排放權剩餘可能，企業可以將剩餘的碳排放權在外部碳交易市場上出售獲利。反之，當製造企業最優生產所產生的二氧化碳（CO_2）排放量高於政府制定的碳限額時，企業的生產決策受到政府規定碳限額的影響，製造企業可以通過在外部碳交易市場購買碳排放權來維持生產。

3.3.2 情形二：進行綠色技術投入決策

情形二是在碳限額約束下，製造企業將進行綠色技術投入獲得碳排放權的節約，變相獲得額外的碳排放權。

製造企業在此情形下的期望利潤函數為：

$$\begin{cases} \pi^t(Q,T) = pE\min(Q,x) + vE(Q-x)^+ - rE(x-Q)^+ - c(T)Q \\ s.t. \quad k(T)Q \leq K \end{cases} \quad (3.4)$$

製造企業在此情況下的決策目標在於最大化期望利潤。

命題 3.3：製造企業進行綠色技術投入決策，使製造企業期望利潤最大化的最優綠色技術投入和最優生產量存在且唯一，最優生產量為 $Q_t^* = \begin{cases} Q^* & K \geq kQ^* \\ \dfrac{K}{k(T^*)} & K < kQ^* \end{cases}$，最優綠色技術投入 $T^* = \begin{cases} 0 & K \geq kQ^* \\ T^* \in (0,1) & K < kQ^* \end{cases}$。

證明：

式 3.4 問題可以轉化為：

$$\begin{cases} \min \Pi^t(Q,T) = -\pi^t(Q,T) \\ g_1(Q) = Q \geq 0 \\ g_2(Q,T) = \dfrac{K}{k(T)} - Q \geq 0 \end{cases}$$

其目標函數和約束函數的梯度：

$\nabla \Pi^t(Q,T) = -(p+r-c(T)) + (p+r-v)F(Q)$；

$\nabla g_1(Q) = 1$；

$\nabla g_2(Q,T) = -1$。

對第一個和第二個約束條件分別引入廣義拉格朗日乘子 γ_1^*, γ_2^*，設 $K-T$ 點為 Q_t^*，則該問題的 $K-T$ 條件：

$$\begin{cases} -(p+r-c(T)) + (p+r-v)F(Q_t^*) - \gamma_1^* + \gamma_2^* = 0 \\ \gamma_1^* Q_t^* = 0 \\ \gamma_2^* \left(\dfrac{K}{k(T)} - Q_t^* \right) = 0 \\ \gamma_1^*, \gamma_2^* \geqslant 0 \end{cases}$$

該方程組分以下情況討論:

(情況 3.6) 令 $\gamma_1^* \neq 0$, $\gamma_2^* \neq 0$, 無解。

(情況 3.7) 令 $\gamma_1^* \neq 0$, $\gamma_2^* = 0$, 解之得: $Q_t^* = 0$, $\gamma_1^* = -(p+r-c(T))$, 不是 $K-T$ 點。

(情況 3.8) 令 $\gamma_1^* = 0$, $\gamma_2^* \neq 0$, 解之得: $Q_{t1}^* = \dfrac{K}{k(T)}$,

$\gamma_2^* = (p+r-c(T)) - (p+r-v)F\left(\dfrac{K}{k(T)}\right)$。

(情況 3.9) 令 $\gamma_1^* = 0$, $\gamma_2^* = 0$, 解之得 $Q_{t2}^* = F^{-1}\left(\dfrac{p+r-c(T)}{p+r-v}\right)$, 是 $K-T$ 點。

(1) 由情況 3.8 可知, 當製造企業的生產成本結構 $c(T)$ 和碳排放結構 $k(T)$ 使得下式成立時, Q_{t1}^* 是 $K-T$ 點。$F(K/k(T)) < \dfrac{p+r-c(T)}{p+r-v}$;

又因為 $Q_{t2}^* = F^{-1}\left(\dfrac{p+r-c(T)}{p+r-v}\right)$, 所以當 Q_{t2}^* 是 $K-T$ 點時, Q_{t2}^* 無法滿足約束條件, 即製造企業的最優生產量為 $Q_{t1}^* = \dfrac{K}{k(T)}$。將 $Q_{t1}^* = \dfrac{K}{k(T)}$ 代入 $\pi^t(Q, T)$ 中並化簡得:

$$\pi^t(Q_{t1}^*, T) = (p+r-c(T))\dfrac{K}{k(T)} - (p+r-v)\int_0^{\frac{K}{k(T)}} F(x)dx - r\mu$$

其一階偏導數為:

$$\dfrac{\partial \pi^t(Q_{t1}^*, T)}{\partial T} =$$

$$-\dfrac{K}{k^2(T)}\left(k(T)c'(T) + (p+r-c(T))k'(T) - (p+r-v)F\left(\dfrac{K}{k(T)}\right)k'(T)\right)$$

其二階偏導數為：

$$\frac{\partial^2 \pi^t(Q_{t1}^*, T)}{\partial T^2} = -\frac{2k'(T)}{k(T)} \frac{\partial \pi^t(Q_{t1}^*, T)}{\partial T}$$

$$-\frac{K}{k^2(T)} \begin{pmatrix} k(T)c''(T) + \left((p+r-c(T)) - (p+r-v)F\left(\frac{K}{k(T)}\right)\right)k''(T) + \\ (p+r-v)\frac{K(k'(T))^2}{k^2(T)} f\left(\frac{K}{k(T)}\right) \end{pmatrix}$$

假設存在 T_1^* 使得 $\dfrac{\partial \pi^t(Q_{t1}^*, T_1^*)}{\partial T} = 0$，則：

$$\frac{\partial^2 \pi^t(Q_{t1}^*, T_1^*)}{\partial T^2} =$$

$$-\frac{K}{k^2(T)} \begin{pmatrix} k(T)c''(T) + \left((p+r-c(T)) - (p+r-v)F\left(\frac{K}{k(T)}\right)\right)k''(T) + \\ (p+r-v)\frac{K(k'(T))^2}{k^2(T)} f\left(\frac{K}{k(T)}\right) \end{pmatrix}$$

又因為 $c''(T) \geq 0$，$k''(T) \geq 0$，$(p+r-c(T)) - (p+r-v)F\left(\dfrac{K}{k(T)}\right) > 0$，所以 $\dfrac{\partial^2 \pi^t(Q_{t1}^*, T_1^*)}{\partial T^2} = 0$ 成立，即 T_1^* 為製造企業的最優綠色技術投入水平。

此時，製造企業的最優生產量為 $Q_{t1}^* = \dfrac{K}{k(T_1^*)}$，最優綠色技術投入水平為 $T_1^* \in (0,1)$，碳排放權剩餘量為 $W_t^* = 0$。

（2）由情況3.8和情況3.9可知，當製造企業的生產成本結構 $c(T)$ 和碳排放結構 $k(T)$ 使得 $F(K/k(T)) \geq \dfrac{p+r-c(T)}{p+r-v}$ 成立時，Q_{t1}^* 不是 $K-T$ 點。

$Q_{t2}^* = F^{-1}\left(\dfrac{p+r-c(T)}{p+r-v}\right)$，所以，此時製造企業的最優生產量為 Q_{t2}^*。

其最優綠色技術投入水平決策模型如下：

$\pi^t(Q_{t2}^*, T)$

$= (p+r-c(T)) F^{-1}\left(\dfrac{p+r-c(T)}{p+r-v}\right) - (p+r-v) \displaystyle\int_0^{F^{-1}\left(\frac{p+r-c(T)}{p+r-v}\right)} F(x)dx - r\mu$

s. t. $F^{-1}\left(\dfrac{p+r-c(T)}{p+r-v}\right) \leq K/k(T)$

製造企業在此情況下的決策目標在於最大化期望利潤。上述非線性規劃問題可以轉化為：

$$\begin{cases} \min \Pi^t(Q_{t2}^*, T) = -\pi^t(Q_{t2}^*, T) \\ g_1(T) = T \geq 0 \\ g_2(T) = 1 - T \geq 0 \\ g_3(T) = \dfrac{K}{k(T)} - F^{-1}\left(\dfrac{p+r-c(T)}{p+r-v}\right) \geq 0 \end{cases}$$

其目標函數和約束函數的梯度：

$$\nabla \Pi^t(Q_{t2}^*, T) = c'(T) F^{-1}\left(\frac{p+r-c(T)}{p+r-v}\right);$$

$$\nabla g_1(T) = 1;$$

$$\nabla g_2(T) = -1;$$

$$\nabla g_3(T) = -\frac{Kk'(T)}{k^2(T)} + \frac{c'(T)}{p+r-v} \frac{1}{f\left(F^{-1}\left(\dfrac{p+r-c(T)}{p+r-v}\right)\right)}。$$

對第一個，第二個和第三個約束條件分別引入廣義拉格朗日乘子 γ_1^*，γ_2^*，γ_3^*，設 $K-T$ 點為 T_2^*，則該問題的 $K-T$ 條件：

$$\begin{cases} c'(T_2^*) F^{-1}\left(\dfrac{p+r-c(T_2^*)}{p+r-v}\right) - \gamma_1^* + \gamma_2^* + \gamma_3^* \left(\dfrac{Kk'(T_2^*)}{k^2(T_2^*)} - \dfrac{c'(T_2^*)}{p+r-v} \dfrac{1}{f\left(F^{-1}\left(\dfrac{p+r-c(T_2^*)}{p+r-v}\right)\right)}\right) = 0 \\ \gamma_1^* T_2^* = 0; \quad \gamma_2^*(1 - T_2^*) = 0 \\ \gamma_3^* \left(\dfrac{K}{k(T_2^*)} - F^{-1}\left(\dfrac{p+r-c(T_2^*)}{p+r-v}\right)\right) = 0 \\ \gamma_1^*, \gamma_2^*, \gamma_3^* \geq 0 \end{cases}$$

該方程組分以下情況討論：

(**情況 3.10**) 令 $\gamma_1^* \neq 0$，$\gamma_2^* \neq 0$，$\gamma_3^* \neq 0$。無解。

(**情況 3.11**) 令 $\gamma_1^* \neq 0$，$\gamma_2^* \neq 0$，$\gamma_3^* = 0$。無解。

(**情況 3.12**) 令 $\gamma_1^* \neq 0$，$\gamma_2^* = 0$，$\gamma_3^* \neq 0$。解之得：$T_2^* = 0$，

$$F^{-1}\left(\frac{p+r-c(T_2^*)}{p+r-v}\right) = \frac{K}{k(T_2^*)}, \quad \gamma_1^* + \gamma_3^* \left(\frac{c'(T_2^*)}{p+r-v} \frac{1}{f\left(\dfrac{K}{k(T_2^*)}\right)} - \frac{Kk'(T_2^*)}{k^2(T_2^*)}\right) =$$

$$c'(T_2^*) \frac{K}{k(T_2^*)}。$$

(情況 3.13) 令 $\gamma_1^* \neq 0$, $\gamma_2^* = 0$, $\gamma_3^* = 0$。解之得：$T_2^* = 0$，

$$\gamma_1^* = c'(T_2^*) F^{-1}\left(\frac{p + r - c(T_2^*)}{p + r - v}\right)。$$

(情況 3.14) 令 $\gamma_1^* = 0$, $\gamma_2^* \neq 0$, $\gamma_3^* \neq 0$。無解。

(情況 3.15) 令 $\gamma_1^* = 0$, $\gamma_2^* \neq 0$, $\gamma_3^* = 0$。解之得：$T_2^* = 1$，

$$\gamma_2^* = - c'(T_2^*) F^{-1}\left(\frac{p + r - c(T_2^*)}{p + r - v}\right),$$ 不是 $K - T$ 點。

(情況 3.16) 令 $\gamma_1^* = 0$, $\gamma_2^* = 0$, $\gamma_3^* \neq 0$。解之得：$F^{-1}\left(\frac{p + r - c(T_2^*)}{p + r - v}\right) = \frac{K}{k(T_2^*)}$，

$$\gamma_3^* \left(\frac{c'(T_2^*)}{p + r - v} \frac{1}{f\left(\frac{K}{k(T_2^*)}\right)} - \frac{Kk'(T_2^*)}{k^2(T_2^*)}\right) = c'(T_2^*) \frac{K}{k(T_2^*)}。$$

(情況 3.17) 令 $\gamma_1^* = 0$, $\gamma_2^* = 0$, $\gamma_3^* = 0$。解之得：

$$T_2^* \in (0,1), \quad c'(T_2^*) F^{-1}\left(\frac{p + r - c(T_2^*)}{p + r - v}\right) = 0。$$ 不是 $K - T$ 點。

情況 3.12 和情況 3.13 表明製造企業在其生產成本結構 $c(T)$ 和碳排放結構 $k(T)$ 滿足相應條件時，綠色技術投入水平為零。製造企業的生產決策退化為無綠色技術投入時的企業生產決策。此種情況在現實中一般出現在低碳減排技術水平不高、採用綠色技術投入降低單位產品碳排放時成本比較高且效果不是很好時。

情況 3.16 中的 T_2^* 是 $K - T$ 點，因此存在最優 $T_2^* \in (0,1)$ 使得 $F^{-1}\left(\frac{p + r - c(T_2^*)}{p + r - v}\right) = \frac{K}{k(T_2^*)}$，即製造企業的最優綠色技術投入水平為 T_2^*，最優生產量為 $Q_{t2}^* = \frac{K}{k(T_2^*)}$，最優碳排放權剩餘量為 $W_t^* = K - k(T_2^*) Q_{t2}^*$。但由於在此情形下，製造企業產生的碳排放權剩餘並不能通過外部碳排放權交易市場出售獲利，所以，製造企業並不會進行綠色技術投入。此時，製造企業的最優生產決策退化為無碳限額約束時的最優生產決策，最優生產量 $Q_t^* = Q^*$，最優綠色技術投入水平 $T^* = 0$。

綜上所述，在碳限額約束下，製造企業進行綠色技術投入決策，存在一個最優的生產量 Q_t^* 和最優的綠色技術投入水平 T^*，其中：

$$Q_t^* = \begin{cases} Q^* & K \geq kQ^* \\ \dfrac{K}{k(T^*)} & K < kQ^* \end{cases}, \quad T^* = \begin{cases} 0 & K \geq kQ^* \\ T^* \in (0,1) & K < kQ^* \end{cases}。$$

得證。

命題 3.3 表明，當企業最優生產所產生的二氧化碳（CO_2）排放量低於政府制定的碳限額時，企業的生產決策不受政府規定碳限額的影響，此時製造企業不會進行綠色技術投入，企業的最優生產決策為無碳限額約束時的最優生產決策。反之，當製造企業最優生產所產生的二氧化碳（CO_2）排放量高於政府制定的碳限額時，製造企業的生產決策受到政府規定碳限額的影響，此時，製造企業會進行綠色技術投入。

為了討論綠色技術投入對製造企業生產決策的影響，可以得到以下命題：

推論 3.4：$Q_K^* \leq Q_t^* \leq Q^*$

證明：

（1）$K \geq kQ^*$ 時，由命題 3.3 可知，製造企業的碳排放量低於政府制定的碳限額時，企業的生產決策不受政府規定碳限額的影響，企業的綠色技術投入水平 $T^* = 0$，由此可得 $Q_K^* = Q_t^* = Q^*$。

（2）$K < kQ^*$ 時，製造企業的碳排放量高於政府制定的碳限額時，企業的生產決策受到政府規定碳限額的影響，企業的綠色技術投入水平 $T^* \in (0,1)$。所以，$F^{-1}\left(\dfrac{p+r-c}{p+r-v}\right) > F^{-1}\left(\dfrac{p+r-c(T^*)}{p+r-v}\right) = \dfrac{K}{k(T^*)} > \dfrac{K}{k}$，由此可得 $Q_K^* < Q_t^* < Q^*$。

綜上可得 $Q_K^* \leq Q_t^* \leq Q^*$。

得證。

推論 3.4 表明製造企業進行綠色技術投入決策后的最優生產量不低於碳限額約束時的最優生產量。

為了討論綠色技術投入對製造企業期望利潤的影響，可以得到以下命題：

推論 3.5：$\pi^K(Q_K^*) \leq \pi^t(Q_t^*, T^*) \leq \pi^n(Q^*)$

證明：

在碳限額約束下企業僅進行綠色技術投入決策時，當 $K \geq kQ^*$，製造企業不會進行綠色技術投入；當 $K < kQ^*$ 時，企業會進行綠色技術投入，則有：

$$\pi^t(Q_t^*, T^*) = \pi^n(Q_t^*) - (c(T) - c)\dfrac{K}{k}。$$

由推論 3.4 可得 $Q_K^* \leq Q^*$，因此，可以得到：

$\pi^t(Q_t^*, T^*) = \pi^n(Q_t^*) - (c(T) - c)\dfrac{K}{k} \leqslant \pi^n(Q_t^*) \leqslant \pi^n(Q^*)$，則有：

$\pi^t(Q_t^*, T^*) \leqslant \pi^n(Q^*)$，$\pi^K(Q_K^*) = \pi^n(Q_K^*) \leqslant \pi^n(Q^*)$。

又 $\pi^t(Q_t^*, T^*) - \pi^K(Q_K^*) = \pi^n(Q_t^*) - \pi^K(Q_K^*) - (c(T) - c)\dfrac{K}{k}$，若 $T = 0$，那麼：

$\pi^t(Q_t^*, T^*) - \pi^K(Q_K^*) = 0$。

（1）當 $\pi^n(Q_t^*) - \pi^n(Q_K^*) > (c(T) - c)\dfrac{K}{k}$ 時，可得 $\pi^t(Q_t^*, T^*) \geqslant \pi^K(Q_K^*) = \pi^K(Q_K^*, 0)$，這時，進行綠色技術投入可以增加生產企業在碳限額約束下的期望利潤，$\pi^K(Q_K^*) \leqslant \pi^t(Q_t^*, T^*)$。

（2）當 $\pi^n(Q_t^*) - \pi^n(Q_K^*) = (c(T) - c)\dfrac{K}{k}$ 時，可得 $\pi^t(Q_t^*, T^*) = \pi^K(Q_K^*) = \pi^K(Q_K^*, 0)$，這時，綠色技術投入不會增加生產企業在碳限額約束下的期望利潤，所以，生產企業理性地放棄綠色技術投入，$\pi^K(Q_K^*) = \pi^t(Q_t^*, T^*)$。

（3）當 $\pi^n(Q_t^*) - \pi^n(Q_K^*) < (c(T) - c)\dfrac{K}{k}$ 時，可得 $\pi^t(Q_t^*, T^*) \leqslant \pi^K(Q_K^*) = \pi^K(Q_K^*, 0)$，這時，進行綠色技術投入只會減少生產企業在碳限額約束下的期望利潤，所以此時不進行綠色技術投入，從而 $\pi^K(Q_K^*) = \pi^t(Q_t^*, T^*)$。

綜上可得 $\pi^K(Q_K^*) \leqslant \pi^t(Q_t^*, T^*) \leqslant \pi^n(Q^*)$。

得證。

推論 3.5 表明在碳限額約束下，適當的綠色技術投入能夠增加生產企業的期望利潤。

3.3.3 情形三：進行碳排放權交易和綠色技術投入組合決策

情形三是在碳限額約束下，製造企業將實施碳排放權交易和綠色技術投入的組合決策。

製造企業在此情形下的期望利潤函數為：

$$\begin{cases} \pi^c(Q, T) = pE\min(Q, x) + vE(Q - x)^+ - rE(x - Q)^+ - c(T)Q - wW \\ s.\ t.\quad k(T)Q = K + W \end{cases}$$

(3.5)

製造企業在此情況下的決策目標在於最大化期望利潤。

$k(T)Q = K + W$ 意味著製造企業的總碳排放量必須等於政府的初始碳排放配額與外部碳交易市場碳排放交易數量之和。

其中：

當 $W > 0$ 時，意味著製造企業將從外部碳交易市場購買碳排放配額；

當 $W = 0$ 時，意味著製造企業將不會在外部碳交易市場上進行碳排放權交易；

當 $W < 0$ 時，意味著製造企業將在外部碳交易市場上售出使用不完的配額。

定義 $\theta(T) = \dfrac{((c(T)-c)Q)_T'}{((k-k(T))Q)_T'}$ 為進行綠色技術投入產生的單位碳排放權所發生的邊際成本，即 $\theta(T) = -\dfrac{c'(T)}{k'(T)}$。

命題 3.4：製造企業進行碳排放權交易和綠色技術投入組合決策，使製造企業期望利潤最大化的最優綠色技術投入水平和最優生產量存在且唯一，最優生產量為 $Q_c^* = F^{-1}\left(\dfrac{p+r-c(T^*)-wk(T^*)}{p+r-v}\right)$，且滿足 $\theta(Q_c^*) = \theta(T_c^*) = w$，最優綠色技術投入為水平 $T_c^* \in (0,1)$，碳排放權交易量為 $W_c^* = k(T^*)Q - K$。

證明：

由式 3.5 可知 $W = k(T)Q - K$，因此製造企業的期望利潤函數變為：

$\pi^c(Q,T) = pE\min(Q,x) + vE(Q-x)^+ - rE(x-Q)^+ - c(T)Q - w(k(T)Q - K)$

製造企業在此情況下的決策目標在於最大化期望利潤。

$\pi^c(Q,T)$ 關於 Q 的一階偏導為：

$\dfrac{\partial \pi^c(Q,T)}{\partial Q} = (p+r-c(T)) - (p+r-v)F(Q) - wk(T)$

$\pi^c(Q,T)$ 關於 Q 的二階偏導為：

$\dfrac{\partial^2 \pi^c(Q,T)}{\partial Q^2} = -(p+r-v)f(Q) < 0$

所以 $\pi^c(Q,T)$ 是關於 Q 的凸函數，則根據其一階最優條件可得存在唯一最優生產量：$Q_c^* = F^{-1}\left(\dfrac{p+r-c(T)-wk(T)}{p+r-v}\right)$。

其最優綠色技術投入水平決策模型如下：

$$\pi^c(Q_c^*, T) = (p+r-c(T))Q_c^* - (p+r-v)\int_0^{Q_c^*} F(x)dx - r\mu - w(k(T)Q_c^* - K)$$

$$\frac{\partial \pi^c(Q_c^*, T)}{\partial T} = -(c'(T) + wk'(T))Q_c^*$$

$$\frac{\partial^2 \pi^c(Q_c^*, T)}{\partial T^2} =$$

$$-(c''(T) + wk''(T))Q_c^* + (c'(T) + wk'(T))\frac{c'(T) + wk'(T)}{p+r-v}f^{-1}(Q_c^*)$$

假設存在 T^* 使得 $\frac{\partial \pi^c(Q_c^*, T)}{\partial T} = 0$，又因為 $c''(T) \geq 0$，$k''(T) \geq 0$，則：

$$\frac{\partial^2 \pi^c(Q_c^*, T)}{\partial T^2} = -(c''(T) + wk''(T))Q_c^* < 0$$

所以，$\frac{\partial^2 \pi^c(Q_{c1}^*, T_1^*)}{\partial T^2} = 0$ 成立，即 T^* 為製造企業的最優綠色技術投入水平。

綜上所述，製造企業最優生產量 $Q_c^* = F^{-1}\left(\frac{p+r-c(T^*)-wk(T^*)}{p+r-v}\right)$，製造企業的最優綠色技術投入水平 $T_c^* \in (0,1)$。

令 $\frac{\partial \pi^c(Q_c, T)}{\partial Q_c} = 0$，可以得出：$(p+r-c) - (p+r-v)F(Q_c) = wk(T)$，則有：$\theta(Q_c^*) = w$。

又 $\frac{\partial \pi^c(Q_c^*, T)}{\partial T} = -(c'(T) + wk'(T))Q_c^*$

（1）當 $c'(T) + wk'(T) < 0$，進行綠色技術投入會減少製造企業期望利潤，企業不會進行綠色技術投入；

（2）當 $c'(T) + wk'(T) > 0$，進行綠色技術投入會增加製造企業期望利潤，企業會進行綠色技術投入；

（3）當 $c'(T) + wk'(T) = 0$，進行綠色技術投入產生的成本等於製造企業期望利潤。

令 $\frac{\partial \pi^c(Q_c, T)}{\partial T_c} = 0$，可以得出 $w = -\frac{c'(T)}{k'(T)}$，

因為 $\theta(T) = -\frac{c'(T)}{k'(T)}$ 是進行綠色技術投入產生單位碳排放權所發生的

成本。

則有：$\theta(T_c^*) = w$，$\theta(Q^*) = w$。

當製造企業決策到達最優時，我們就能得到製造企業的碳排放權交易量為 $W_c^* = k(T^*)Q - K$。

得證。

命題 3.4 說明：

當 $\theta(T_c^*) > w$ 時，進行綠色技術投入產生的單位碳排放權成本高於市場上單位碳排放權的價格，進行綠色技術投入會減少製造企業的期望利潤，製造企業不會進行綠色技術投入，轉而在外部碳交易市場上購買碳排放權來進行生產活動。

當 $\theta(T_c^*) = w$ 時，進行綠色技術投入后產生的單位碳排放權成本等於市場上單位碳排放權的價格，企業可以選擇或者進行綠色技術投入，或者進行碳排放權交易。

當 $\theta(T_c^*) < w$ 時，進行綠色技術投入后的單位碳排放權成本低於市場上單位碳排放權的價格，進行綠色技術投入會增加製造企業的期望利潤，製造企業會進行綠色技術投入，以獲得更多的利潤。

因此，當進行綠色技術投入后所取得的單位碳排放權成本低於市場上單位碳排放權價格時，製造企業會選擇進行綠色技術投入。當進行綠色技術投入后所取得的單位碳排放權成本高於市場上單位碳排放權價格時，製造企業會選擇進行碳排放權交易決策。

進一步說明，當製造企業選擇碳排放權交易決策后：

當 $\theta(Q_c^*) > w$ 時，單位碳排放權所產生的利潤高於一單位的碳排放權價格，製造企業將從外部碳交易市場購買碳排放權來生產更多的產品以獲得更多的利潤。

當 $\theta(Q_c^*) < w$ 時，單位碳排放權所產生的利潤低於一單位的碳排放權價格，製造企業將在外部碳交易市場上出售碳排放權。

當 $\theta(Q_c^*) = w$ 時，單位碳排放權所產生的利潤等於一單位的碳排放權價格，製造企業將不會在外部碳交易市場上進行碳排放權交易。此時，製造企業存在一個最優的生產決策，使得企業期望利潤最大。

為了討論對製造企業生產決策的影響，可以得到以下命題：

推論 3.6：

(1) 若 $\theta(Q_K^*) > w$，那麼 $Q_K^* < Q_c^* < Q^*$；

(2) 若 $\theta(Q_K^*) = w$，那麼 $Q_c^* = Q_K^* < Q^*$；

（3）若 $\theta(Q_K^*) < w$，那麼，$Q_c^* < Q_K^* < Q^*$；

證明：

$\theta(Q)$ 是關於 Q 的遞減函數。

由前述分析可得，$\theta(Q^*) = 0$，$\theta(Q_c^*) = w$，因此，$Q^* > Q_c^*$。

（1）若 $\theta(Q_K^*) > w$，$\theta(Q_c^*) < \theta(Q_K^*)$，因此得到 $Q_K^* < Q_c^* < Q^*$。

（2）若 $\theta(Q_K^*) = w$，$\theta(Q_c^*) = \theta(Q_K^*)$，因此得到 $Q_c^* = Q_K^* < Q^*$。

（3）若 $\theta(Q_K^*) < w$，$\theta(Q_K^*) < \theta(Q_c^*)$，因此得到 $Q_c^* < Q_K^* < Q^*$。

得證。

推論 3.6 表明在製造企業進行碳排放權交易與綠色技術投入組合決策時的最優生產量不高於無碳限額約束時的最優生產量，與碳限額約束時的最優生產量的關係取決於單位碳排放權增加產生的利潤的大小。

為了討論對製造企業期望利潤的影響，可以得到以下命題：

推論 3.7： 當 $K^* = k(T)Q_c^* + \dfrac{1}{w}(\pi^n(Q^*) - \pi^c(Q_c^*, T_c^*))$ 時：

（1）若 $K > K^*$，那麼，$\pi^c(Q_c^*, T_c^*) > \pi^n(Q^n) > \pi^K(Q_K^*)$；

（2）若 $K = K^*$，那麼，$\pi^c(Q_c^*, T_c^*) = \pi^n(Q^n) > \pi^K(Q_K^*)$；

（3）若 $K < K^*$，那麼，$\pi^n(Q^*) > \pi^c(Q_c^*, T_c^*) \geqslant \pi^K(Q_K^*)$。

證明：

由前述分析可得：$\pi^c(Q_c^*, T_c^*) = \pi^n(Q_c^*) - w(k(T)Q_c^* - K)$。

考慮 $\pi^c(Q_c^*, T_c^*)$ 的極大值性，有 $\pi^c(Q_c^*, T_c^*) \geqslant \pi^n(Q^*) - w(kQ^* - K)$。

若 $K \geqslant kQ^*$ 時，在此情形下，$\pi^n(Q^*) = \pi^K(Q_K^*)$，所以，$\pi^c(Q_c^*, T_c^*) - \pi^K(Q_K^*) > -w(kQ^* - K) > 0$，因此，$\pi^c(Q_c^*, T_c^*) > \pi^K(Q_K^*)$；若 $K < kQ^*$ 時，在此情形下 $K = kQ_K^*$，由推論 3.1 可知 $\pi^K(Q_K^*) = \pi^n(Q_K^*)$，由此可得 $\pi^c(Q_c^*, T_c^*) - \pi^K(Q_K^*) \geqslant -w(kQ_K^* - K) = 0$，所以，$\pi^c(Q_c^*, T_c^*) = \pi^K(Q_K^*)$。綜合可得 $\pi^c(Q_c^*, T_c^*) \geqslant \pi^K(Q_K^*)$。

若 ? $K \leqslant k(T)Q_c^*$，因為 $\pi^c(Q_c^*, T_c^*) = \pi^n(Q_c^*) - w(k(T)Q_c^* - K) < \pi^n(Q_c^*) < \pi^n(Q^*)$，所以 $\pi^c(Q_c^*, T_c^*) < \pi^n(Q^*)$；若 $K > k(T)Q_c^*$，則有 $\pi^c(Q_c^*, T_c^*) > \pi^n(Q_c^*) - w(k(T)Q_c^* - K) > \pi^n(Q^*)$，即 $\pi^c(Q_c^*, T_c^*) > \pi^n(Q^*)$。

因此，根據介值定理可知，存在一個 K^*，使得 $\pi^c(Q_c^*, T_c^*) = \pi^n(Q^*)$。

反解得 $K^* = k(T)Q_c^* + \dfrac{1}{w}(\pi^n(Q^*) - \pi^c(Q_c^*, T_c^*))$。

因為 $\pi(Q?)$ 是關於 ? K 的遞增函數，因此：

（1）若 $K > K^*$，那麼，$\pi^c(Q_c^*, T_c^*) > \pi^n(Q^*) > \pi^K(Q_K^*)$；

（2）若 $K = K^*$，那麼，$\pi^c(Q_c^*, T_c^*) = \pi^n(Q^*) > \pi^K(Q_K^*)$；

（3）若 $K < K^*$，那麼，$\pi^n(Q^*) > \pi^c(Q_c^*, T_c^*) \geqslant \pi^K(Q_K^*)$。

得證。

推論 3.7 表明製造企業進行碳排放權交易與綠色技術投入組合決策時的最大期望利潤不小於有碳限額約束時的期望利潤，是否高於無碳限額約束下的期望主要取決於政府初始碳配額的大小。

3.4 數值分析

考慮自由市場中一個生產單一產品的製造企業，面臨的市場需求服從正態分佈 $X \sim N(200, 50^2)$。銷售期結束時，剩餘庫存會按照殘值進行處理。同時，製造企業也會面臨缺貨損失。參數的取值如表 3-2 所示。

表 3-2　　　　　　　　模型參數

參數	p	c	r	v	k
取值	100	40	20	10	1

3.4.1 無碳限額約束情形

通過求解，在無碳限額約束下，製造企業的最優生產量 $Q^* = 230$，$\pi^* = 10,143$。

3.4.2 碳限額約束情形

在碳限額約束下，政府制定的碳限額 $K = 150$（單位）。通過求解，在碳限額約束下，製造企業的最優生產量 $Q_K^* = 150$，$\pi_K^* = 7534$。

無碳限額與碳限額情形下的製造企業最優生產量與期望利潤的比較如圖 3-2 所示。通過數值分析可以看出：

（1）政府制定的碳限額對製造企業的最優生產決策會產生影響。

（2）由於政府規定碳限額的存在，在碳限額約束情形下製造企業最優生產量為 150 單位，期望利潤為 7,534，不會超過無碳限額約束情形下的最優生產量 230 單位和期望利潤 10,143。該結論說明，在碳限額約束情形下，製造企業的最優生產量和期望利潤不會超過無碳限額約束情形下的最優生產量和期望

利潤。

（3）通過圖3-2可以看出，在碳限額約束情形下製造企業的期望利潤與無碳限額情形約束下的期望利潤之間的差距，即為企業通過碳排放權交易或綠色技術投入等決策優化可以改進的空間。

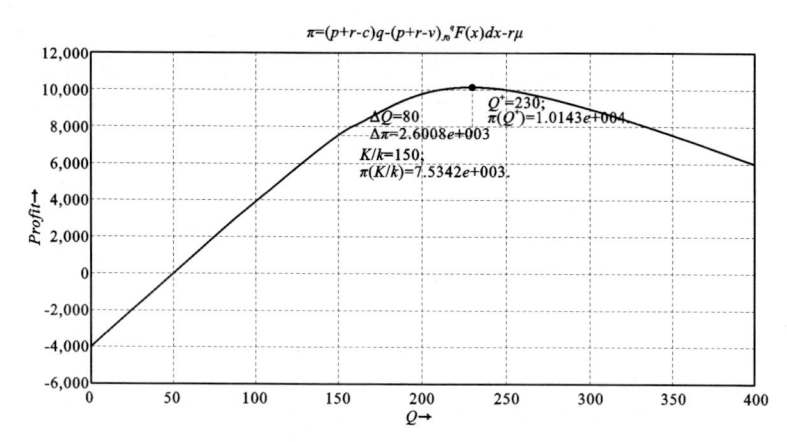

圖 3-2 碳限額約束情形下製造企業期望利潤

3.4.3 碳排放權交易情形

在碳限額約束下，製造企業進行情形一的決策，即只進行碳排放交易的決策。其中 w 為單位碳排放權價格，W 為外部碳交易市場上的碳排放權交易量。

設 $w \in [0, 60]$，研究當單位碳排放權價格 w 在相應區間變化對製造企業最優生產量、碳排放權交易量和期望利潤的影響變化情況見表3-3和圖3-3。

通過表3-3和圖3-3可以看到：

（1）在碳限額約束情形下，製造企業進行碳排放權交易有助於優化製造企業生產決策。可以看到，製造企業進行碳排放權交易情形下的期望利潤 π_e^* 大部分處於無限額約束情形下的期望利潤 π^* 和碳限額約束情形下的期望利潤 π_K^* 之間。

（2）理論上當單位碳排放權價格 w 低於製造企業單位碳排放權增加產生的邊際利潤時，製造企業將會購買碳排放權。隨著單位碳排放權價格的降低，最優生產量，以及碳排放權交易量和期望利潤均會增加。當極端情況出現，單位碳排放權價格極低時，製造企業將大量購進碳排放權，最優生產量和期望利潤接近無碳限額約束情形下的最優生產量和期望利潤。

（3）理論上當單位碳排放權價格 w 高於製造企業單位碳排放權增加產生的邊際利潤時，企業將不會進行碳排放權的購買。

表 3-3　　　　　碳排放權交易情形下主要參數變化情況

w	W	Q_e^*	π_e^*
10	68	218	9,408
20	56	206	8,796
30	44	194	8,299
40	32	182	7,918
50	20	170	7,659
60	4	154	7,539

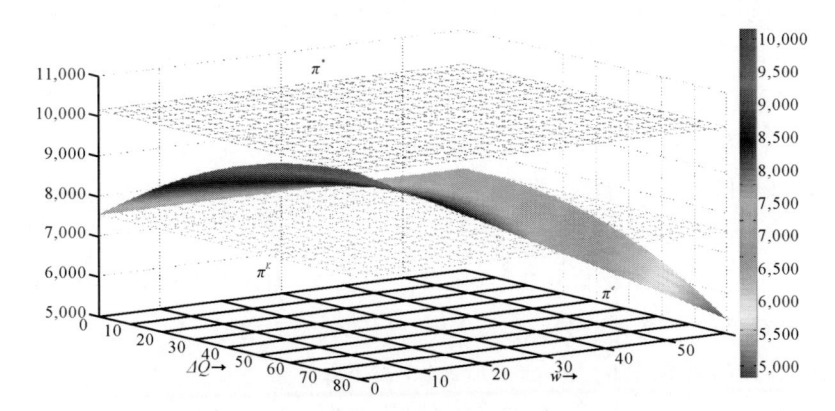

圖 3-3　碳排放權交易情形下製造企業期望利潤

3.4.4　綠色技術投入情形

碳限額約束下，製造企業進行情形二決策，即只進行綠色技術投入獲得碳排放權的節約，變相獲得額外的碳排放權。

設相應函數及參數如下：

$c(T) = c + \frac{1}{2}\alpha T^2$；$c = 40$；$\alpha \in [0, 40]$，$\alpha$ 表示綠色技術投入導致單位產品成本增加的彈性係數，α 越大表示綠色技術投入導致的單位產品成本 $c(T)$ 越高。

$k(T) = k - \beta T$；$\beta = [0, 0.4]$，β 表示綠色技術投入導致單位產品碳排放量減少的彈性係數，β 越大表示綠色技術降低單位產品碳排放的效果越好。

設 $\alpha \in [0, 40]$，$\beta = [0, 0.4]$。

當 α 和 β 在相應區間變化對製造企業最優綠色技術投入水平、最優生產量及期望利潤的影響變化情況見表 3-4 和圖 3-4、圖 3-5、圖 3-6。其中 $(\cdot) = (T^*; Q_t^*; \pi_t^*)$。

通過表 3-4 和圖 3-4、圖 3-5、圖 3-6 可以看到：

（1）在碳限額約束情形下，製造企業進行綠色技術投入有助於優化製造企業生產決策。可以看到，製造企業進行綠色技術投入情形下的期望利潤 π^t，大部分處於碳限額約束情形下的期望利潤 π^K 之上。

（2）當 β 確定，即綠色技術投入降低單位碳排放的水平一定，隨著綠色技術投入水平的增加，企業利潤會先增加再逐步減少，並存在一個最優的綠色技術投入水平。隨著 α 的增加，即綠色技術投入導致的單位產品成本增加，企業的利潤會持續下降。

（3）當 α 確定，即綠色技術投入導致的單位產品成本一定，隨著綠色技術投入的增加，企業利潤會先增加再逐步減少，並存在一個最優的綠色技術投入水平。隨著 β 的增加，即綠色技術投入降低單位碳排放的效果越好，企業的利潤會持續增加。

（4）當綠色技術投入一定，隨著 β 的增加，即綠色技術投入降低單位碳排放的效果越好，企業的利潤會持續增加。隨著 α 的增加，即綠色技術投入導致的單位產品成本增加，企業的利潤會持續下降。

以上分析可以看出，低碳減排等綠色技術水平的高低一方面決定著碳減排的效果，另一方面在碳限額與交易機制下，掌握核心低碳減排技術的企業將有更大降低碳減排的能力和獲取更大企業利潤的競爭優勢。

表 3-4　　　　　綠色技術投入情形下主要參數變化情況

$\alpha\beta$	0.1	0.2	0.3	0.4
10	$(0.62; 159; 7,838)$	$(0.9; 183; 8,532)$	$(0.82; 199; 9,139)$	$(0.72; 211; 9,495)$
20	$(0.32; 155; 7,697)$	$(0.56; 169; 8,103)$	$(0.6; 183; 8,614)$	$(0.64; 202; 9,031)$
30	$(0.18; 153; 7,643)$	$(0.34; 161; 7,925)$	$(0.54; 179; 8,328)$	$(0.5; 188; 8,726)$
40	$(0.18; 158; 7,619)$	$(0.28; 159; 7,837)$	$(0.42; 172; 8,153)$	$(0.46; 184; 8,526)$

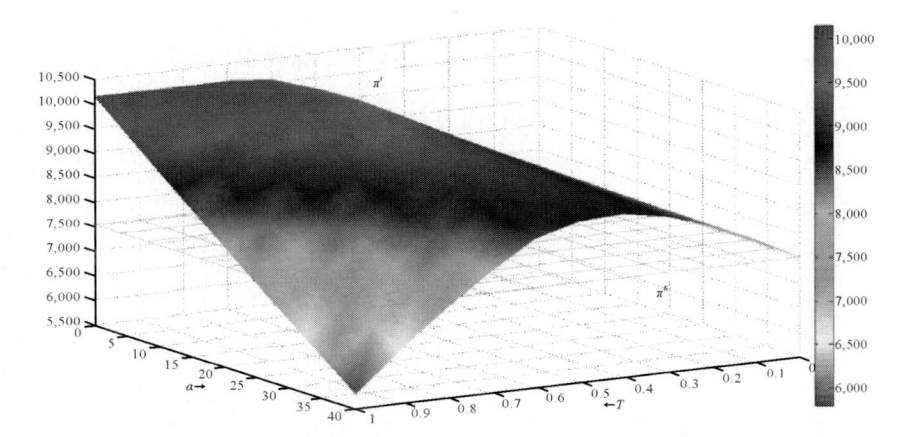

圖 3-4　綠色技術投入情形下 α、T 與期望利潤變化

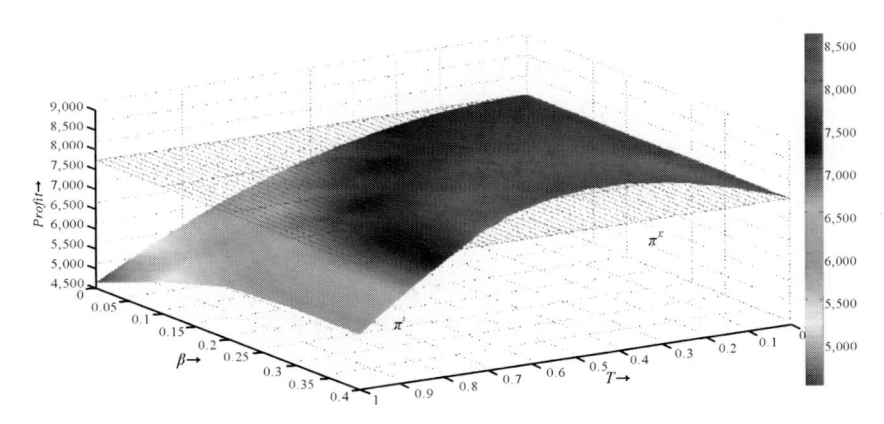

圖 3-5　綠色技術投入情形下 β、T 與期望利潤變化

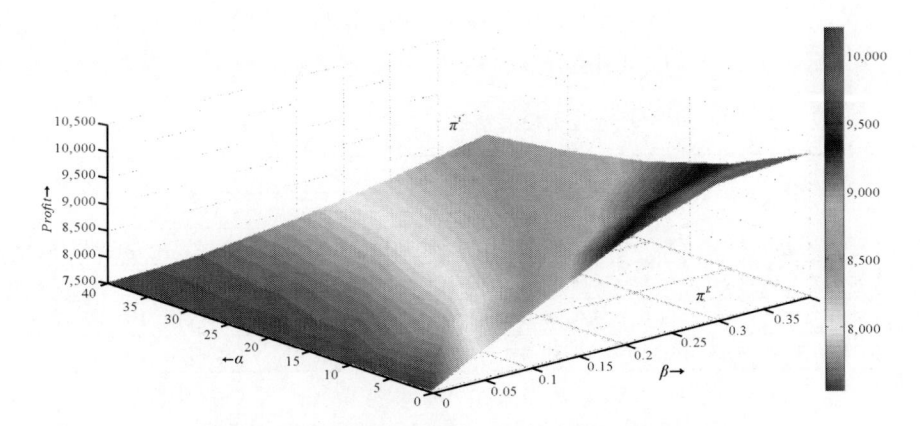

圖 3-6　綠色技術投入情形下 α、β 與期望利潤變化

3.4.5 碳排放權交易與綠色技術投入聯合決策情形

碳限額約束下，製造企業進行情形三決策，即實施碳排放權交易和綠色技術投入的組合決策。

設相應函數及參數如下：

$c(T) = c + \frac{1}{2}\alpha T^2$；$c = 40$，$\alpha \in [0, 40]$；$k(T) = k - \beta T$；$\beta \in [0, 0.4]$；$w \in [0, 60]$。

設 $w \in [0, 60]$，$\alpha \in [0, 40]$，$\beta \in [0, 0.4]$。當 w、α、β 在相應區間變化對製造企業最優綠色技術投入水平、最優生產量、期望利潤和碳排放權交易量的影響變化情況見表3-5和圖3-6。其中 $w(\cdot) = (T_c^*, Q_c^*, \pi_c^*, W_c^*)$。

通過表3-5和圖3-7可以看到：

（1）當 w 確定，即單位碳排放價格一定，隨著 α 的增加，即綠色技術投入導致的單位產品成本增加，企業的利潤會持續下降。隨著 β 增加，即綠色技術降低單位碳排放水平的效果越好，企業利潤增加越多。

（2）當 α 確定，即綠色技術投入導致的單位產品成本一定，隨著 w 的增加，即單位碳排放價格增加，企業的利潤會先增加後減少。隨著 β 的增加，即綠色技術降低單位碳排放水平的效果越好，企業的利潤會持續增加。

（3）當 β 確定，即綠色技術降低單位碳排放的水平一定，隨著 α 的增加，即綠色技術投入導致的單位產品成本增加，企業的利潤會持續下降。隨著的增加，即單位碳排放價格增加，企業的利潤會先增加後減少。

以上分析可以進一步印證，綠色技術降低單位碳排放權效果的大小對企業利潤有非常重要的影響；外部碳交易市場中的碳排放權價格的高低將影響著企業的碳排放權交易量和期望利潤。

表 3-5　　　　　綠色技術投入情形下主要參數變化情況

w	20		40		60	
$\alpha\,\beta$	0.2	0.4	0.2	0.4	0.2	0.4
10	(0.1;206;8,868;52)	(0.1;206;8,951;48)	(0.1;183;8,056;29)	(0.1;184;8,203;27)	(0.1;156;7,718;3)	(0.1;158;7,906;2)
20	(0.1;206;8,858;52)	(0.1;206;8,941;48)	(0.1;183;8,047;29)	(0.1;184;8,193;27)	(0.1;156;7,710;3)	(0.1;158;7,898;2)
30	(0.1;205;8,848;51)	(0.1;206;8,930;48)	(0.1;183;8,037;29)	(0.1;184;8,184;27)	(0.1;156;7,702;3)	(0.1;158;7,890;2)
40	(0.1;205;8,837;51)	(0.1;206;8,920;48)	(0.1;183;8,028;29)	(0.1;184;8,175;27)	(0.1;156;7,694;3)	(0.1;158;7,882;2)

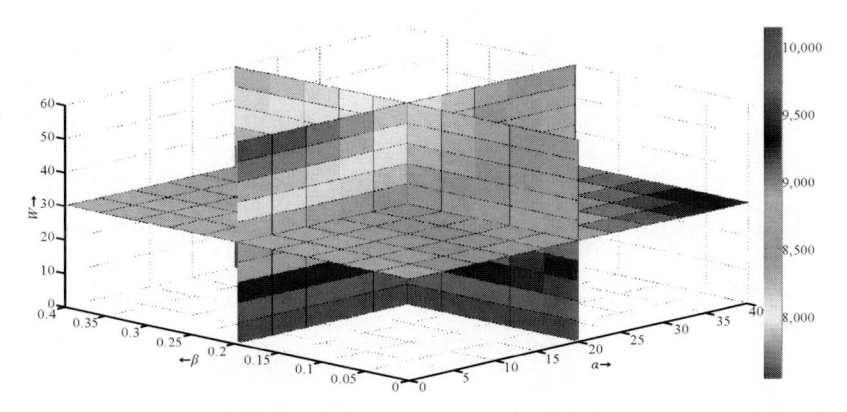

图 3-7　碳排放权交易与绿色技术投入组合决策情形下 α、β、T 与期望利润

设 $w = 30$，$\alpha = 40$，$\beta = 0.2$，当 T 在相应区间变化对制造企业最优生产量及期望利润的影响变化情况见图3-6。

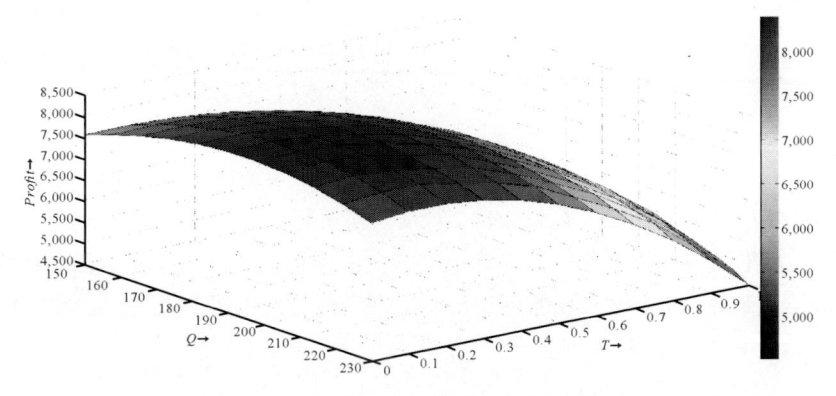

通过图3-8可以看到：

在碳限额约束情形下，制造企业进行情形三决策，在给定的参数下，存在一个使得制造企业的期望利润最大化最优的绿色技术投入水平、生产量和期望利润。

图 3-8　给定参数下制造企业期望利润

3.5　小结

本章研究了自由市场中单一产品制造企业在碳限额与交易政策约束下的生产决策问题。主要结论如下：

（1）政府規定了碳限額，當製造企業最優生產所產生的二氧化碳（CO_2）排放量低於政府規定的碳限額時，製造企業的生產決策不受政府規定碳限額的影響，其最優生產量為 $Q_K^* = F^{-1}\left(\frac{p+r-c}{p+r-v}\right)$，最優生產決策退化為無碳限額約束情形下的最優生產決策。當製造企業最優生產所產生的二氧化碳（CO_2）排放量高於政府規定的碳限額時，製造企業的生產決策受到政府規定碳限額的影響，其最優生產量為 $Q_K^* = \frac{K}{k}$。

（2）製造企業進行情形一的決策，即只考慮進行碳排放權交易決策，存在一個使得企業期望利潤最大化的生產量 $Q_e^* = F^{-1}\left(\frac{p+r-c-wk}{p+r-v}\right)$，且滿足條件 $\theta(Q_e^*) = w$。即單位碳排放權所產生的利潤等於一單位的碳排放權價格，此時製造企業將不會在外部碳交易市場上進行碳排放權交易，最優碳排放權交易量為 $W_e^* = kQ_e^* - K$。當 $\theta(Q_e^*) > w$ 時，製造企業將從外部碳交易市場購買碳排放權來生產更多的產品以獲得更多的利潤。當 $\theta(Q_e^*) < w$ 時，製造企業將在外部碳交易市場上出售碳排放權。在此情形下，製造企業的最優生產量不高於無碳限額約束時的最優生產量，是否高於碳限額約束時的最優生產量主要取決於產品在碳限額約束下單位碳排放權所帶來的期望利潤增加的大小。同時，企業最大期望利潤一直高於不進行碳排放權交易時的利潤。

（3）製造企業進行情形二的決策，即只考慮進行綠色技術投入決策。當企業最優生產所產生的二氧化碳（CO_2）排放量低於政府規定的碳限額時，此時製造企業不會進行綠色技術投入，企業的最優生產決策為無碳限額約束時的最優生產決策。反之，當製造企業最優生產所產生的二氧化碳（CO_2）排放量高於政府規定的碳限額時，製造企業的生產決策受到政府規定碳限額的影響，製造企業會進行綠色技術投入，最優的綠色技術投入水平為 $T^* \in (0,1)$，最優的生產量 $Q_t^* = \frac{K}{k(T^*)}$。在此情形下，製造企業進行綠色技術投入決策后的最優生產量不低於碳限額約束時的最優生產量，並且適當的綠色技術投入能夠增加生產企業期望利潤。

（4）製造企業進行情形三的決策，即製造企業實施碳排放權交易和綠色技術投入的組合決策，存在一個使得製造企業期望利潤最大化的綠色技術投入水平 T_c^*，生產量 $Q_c^* = F^{-1}\left(\frac{p+r-c(T^*)-wk(T^*)}{p+r-v}\right)$，且滿足 $\theta(Q_c^*) = \theta(T_c^*) = w$，碳排放權交易量 $W_c^* = k(T^*)Q - K$。在此情形下，製造企業的最

優生產量不高於無碳限額約束時的最優生產量，與碳限額約束時的最優生產量的關係取決於單位碳排放權增加產生的利潤的大小。同時，在此情形下，企業最大期望利潤不小於有碳限額約束時的期望利潤，是否高於無碳限額約束下的期望主要取決於政府初始碳配額的大小。

通過以上分析可以看到，政府規定的碳限額對製造企業的最優生產決策會產生重要影響，碳排放權交易和綠色技術投入都可以在一定程度上優化和改善企業的生產決策。但需要說明的是：

首先，碳排放權交易可以給製造企業帶來更多的靈活性，可以令其利潤增加。然而，進行碳排放權交易時製造企業的最大期望利潤是高於、等於還是低於無碳限額約束時的利潤取決於政府期初給予製造企業的碳配額。因此，科學合理地規定初始碳配額將是政府的重要任務。初始碳配額規定得科學合理，將可以調動製造企業參與碳減排的積極性和主動性，既達到降低二氧化碳（CO_2）排放量的目的，又不會造成整體社會福利的下滑；而如果初始碳配額規定得不合理，過高則不會達到降低二氧化碳（CO_2）排放的目的，過低則會對製造企業的生產積極性產生影響，甚至會導致企業無法持續經營，致使整體社會福利下降。

其次，製造企業進行碳減排技術投入的條件是進行綠色技術投入后的單位碳排放權邊際成本低於市場上單位碳排放權的價格。而且，綠色技術投入降低單位碳排放的效果越好，降低二氧化碳（CO_2）量就越多，企業的利潤增加就越多，企業就越願意進行碳減排技術的投入。因此，一方面政府在碳排放權交易機制的制定及形成上應加以引導，尤其是碳排放權的價格形成機制。機制合理有效將有助於引導製造企業加大碳減排技術投入的積極性，降低二氧化碳（CO_2）的排放量。另一方面，為鼓勵製造企業進行碳減排技術的研發，提升碳減排技術降低二氧化碳（CO_2）排放的效果，促進掌握核心低碳減排技術的企業形成更大的碳減排能力和競爭優勢，政府應通過稅收減免，財政補貼等方式引導和激勵企業進行低碳減排技術的創新，甚至通過相應的國際規則，進行碳減排技術的輸出。

最后，在碳限額與交易政策約束下，在企業的最優生產受到碳限額約束時，無論是選擇碳排放交易的決策，還是選擇綠色技術投入的決策，還是選擇碳排放交易和綠色技術投入的組合決策，都與企業所處的發展階段和所處的環境，以及企業所掌握的資源和低碳減排技術能力有關。當製造企業所處的發展階段處於成長期，或者企業掌握的資源較少，抑或是企業掌握的低碳減排技術能力有限，此種情形下，企業的決策可能更多地受限於現實的眼前利益，這時

候企業在碳限額約束下更願意選擇碳排放權交易的決策；當製造企業所處的發展階段處於成熟期，或者企業掌握的資源較多，或者企業掌握的低碳減排技術能力很強，總之企業更願意從長遠可持續的角度考慮企業發展問題時，其可能更願意選擇綠色技術投入決策；當製造企業所處的發展階段處於成長和成熟期之間，或者企業掌握的資源和低碳減排技術能力掌握的能力處於中間水平時，其可能更多地會選擇兩種決策結合的方式。

4 考慮碳限額與交易政策的製造企業兩產品生產決策

本章在第三章的基礎上，研究製造企業在碳限額與交易政策約束下，為了滿足消費群體的需求生產兩種產品（產品1和產品2）的兩產品生產決策。當製造企業生產兩種產品時，由於兩種產品的生產成本不同，利潤不同，尤其是碳排放量不同，因此，製造企業就需要在滿足期望利潤最大化和碳限額約束的條件下，決策兩種產品的最優生產組合。

4.1 問題描述與假設

在一個自由市場中，假設市場上有一個面臨隨機需求的製造企業和兩個消費群體。銷售期結束時，剩餘庫存會按照殘值進行處理。同時，製造企業也會面臨缺貨損失。在碳限額與交易政策約束下，政府規定了一個最大的碳排放量，即碳限額 $K(K>0)$。為了表述方便，模型中符號的含義如表4-1所示。

表4-1　　　　　　　　模型中符號的含義

參數	參數含義
$f_1(?)$ 和 $f_2(?)$	產品1和產品2的隨機需求概率密度函數
$F_1(?)$ 和 $F_2(?)$	產品1和產品2的隨機需求分佈函數
$f(?,?)$	產品1和產品2的聯合隨機需求概率密度函數
$F(?,?)$	產品1和產品2的聯合隨機需求分佈函數
p_1 和 p_2	每單位產品1和產品2的零售價格

表4-1(續)

參數	參數含義
r_1 和 r_2	每單位產品1和產品2的缺貨機會成本
v_1 和 v_2	每單位產品1和產品2在銷售期末的殘值
K	政府規定的最大碳排放量
W	在外部碳交易市場的交易量
w	每單位碳排放權價格
Q_1 和 Q_2	產品1和產品2的產量
T	製造企業綠色技術投入水平
c_1 和 c_2	未進行綠色技術投入時，每單位產品1和產品2的生產成本
$c_1(T)$ 和 $c_2(T)$	進行綠色技術投入后，每單位產品1和產品2的生產成本
k_1 和 k_2	未進行綠色技術投入時，每單位產品1和產品2的碳排放量
$k_1(T)$ 和 $k_2(T)$	進行綠色技術投入后，每單位產品1和產品2的碳排放量

上述參數必須滿足某些條件，才能使建立的模型有實際意義，所以假設：

（1）兩個產品均為短週期銷售產品，市場較穩定，產品在銷售期內價格不變。

（2）$p_i \geq c_i > v_i > 0$，其中 $i = 1, 2$。一方面，這個條件說明每個在消費者市場上出售的產品都將會為製造企業帶來利潤的增長；另一方面，若有一個產品未售出，那麼企業將會有利潤上的損失。

（3）假設製造企業必須維持正常生產且是理性的，會權衡碳排放權交易和進行綠色技術投入所帶來的收益與成本。

（4）我們考慮製造企業可以通過其綠色技術投入來減少碳排放量。綠色技術投入成本 $c_i(T)$，它是連續可微的，隨綠色技術投入水平 T 的上升而加速上升，T 的取值範圍為 0 到 1，如圖 3-1 所示。$c'(T) > 0$，$c''(T) > 0$，$c(0) = c$。$k(T)$ 為企業進行綠色技術投入時單位產品的碳排放量，$k'(T) < 0$，$k''(T) \geq 0$，且 $k(0) = k$。

（5）定義 $\theta_i(Q_i) = \dfrac{1}{k_i(T_i)} \dfrac{d\pi(Q_1, Q_2)_{Q_i}}{dQ_i}$；$i = 1, 2$，為製造企業產品 i 的單位碳排放權產生的利潤，即 $\theta_i(Q_i) = \dfrac{1}{k_i(T_i)}((p_i + r_i - c_i(T_i)) - (p_i + r_i - v_i)F(Q_i))$。

且當 $T_i = 0$ 時，$\theta_i(Q_i)$ 退化為：$\theta_i(Q_i) = \dfrac{1}{k_i}((p_i + r_i - c_i) - (p_i + r_i - v_i)F(Q_i))$；

$i = 1, 2$。

4.2 基礎模型

本章令 x 和 y 分別為兩個產品的隨機需求，並且 x 和 y 分別服從兩個產品需求的概率密度函數為 $f_1(\cdot)$ 和 $f_2(\cdot)$ 的分佈。p_i、c_i、r_i、v_i 分別為每單位產品的零售價格、生產成本、銷售期末的殘值和缺貨的機會成本。若製造企業的生產量為 Q_1 和 Q_2，則根據第三章的分析可知，製造企業生產第 i 種產品的期望利潤函數為：

$$\pi^n(Q_i) = (p_i + r_i - c_i)Q_i - (p_i + r_i - v_i)\int_0^{Q_i} F_i(x)dx - r_i\mu_i \quad (4.1)$$

製造企業的總期望利潤函數為：

$$\pi^n(Q) = \sum_{i=1}^{2}\pi^n(Q_i) = \\ \sum_{i=1}^{2}\left((p_i + r_i - c_i)Q_i - (p_i + r_i - v_i)\int_0^{Q_i} F_i(x)dx - r_i\mu_i\right) \quad (4.2)$$

其中，$Q = (Q_1, Q_2)$。

製造企業在此情況下的決策目標在於最大化期望利潤。

由第三章分析可知，在無碳限額約束時，製造企業產品 i 的最優生產量 Q_i^* 為：$Q_i^* = F^{-1}\left(\dfrac{p_i + r_i - c_i}{p_i + r_i - v_i}\right)$；$i = 1, 2$

在無碳限額約束時製造企業的期望利潤為：

$$\pi^n(Q) = \sum_{i=1}^{2}\pi^n(Q_i^*) = \\ \sum_{i=1}^{2}\left((p_i + r_i - c_i)F^{-1}\left(\dfrac{p_i + r_i - c_i}{p_i + r_i - v_i}\right) - (p_i + r_i - v_i)\int_0^{F^{-1}\left(\frac{p_i+r_i-c_i}{p_i+r_i-v_i}\right)} F_i(x)dx - r_i\mu_i\right)$$

當政府規定了一個最大的碳排放量，即碳限額 K（$K > 0$）時，製造企業在進行生產活動時產生的碳排放量不能超過政府規定的這一強制限額。

因此，製造企業在此情形下的期望利潤函數為：

$$\begin{cases} \pi^K(Q_K) = \sum_{i=1}^{2}\left((p_i + r_i - c_i)Q_{iK} - (p_i + r_i - v_i)\int_0^{Q_{iK}} F_i(x)dx - r_i\mu_i\right) \\ s.t. \quad \sum_{i=1}^{2}k_iQ_i \leq K \end{cases}$$

$$(4.3)$$

其中，$Q_K = (Q_{1K}, Q_{2K})$。

製造企業在此情況下的決策目標在於最大化期望利潤。

命題4.1：當政府規定了碳限額$K(K > 0)$時，使製造企業期望利潤最大化的最優生產組合存在且唯一，且：

(1) 當 $K \geq \sum_{i=1}^{2} k_i Q_i^*$ 時，那麼 $Q_{1K}^* = Q_1^*$，$Q_{2K}^* = Q_2^*$。

(2) 如果 $K < \sum_{i=1}^{2} k_i Q_i^*$，那麼 Q_{1K}^* 與 Q_{2K}^* 滿足 $K = \sum_{i=1}^{2} k_i Q_i^*$ 與 $\theta_1(Q_{1K}^*) = \theta_2(Q_{2K}^*)$。

證明：

構造拉格朗日函數：

$L^K(Q_K, \lambda) =$

$\sum_{i=1}^{2} \left((p_i + r_i - c_i) Q_{iK} - (p_i + r_i - v_i) \int_0^{Q_{iK}} F_i(x) dx - r_i \mu_i \right) + \lambda \left(K - \sum_{i=1}^{2} k_i Q_{iK} \right)$

則其$K - T$條件為：

(**條件4.1**) $\dfrac{\partial L^K(Q_K, \lambda)_{Q_{ik}}}{\partial Q_{iK}} = (p_i + r_i - c_i) - (p_i + r_i - v_i) F_i(Q_{iK}) - \lambda k_i \leq 0$，

$Q_i \geq 0$，$Q_i \dfrac{\partial L^K(Q_K, \lambda)_{Q_{ik}}}{\partial Q_{iK}} = 0$；

(**條件4.2**) $\dfrac{\partial L^K(Q_K, \lambda)_\lambda}{\partial \lambda} = K - \sum_{i=1}^{2} k_i Q_{iK} \geq 0$，$\lambda \geq 0$，$\lambda \dfrac{\partial L^K(Q_K, \lambda)_\lambda}{\partial \lambda} = 0$。

由於本章討論製造企業生產的兩類產品，因此 Q_{1k}，$Q_{2k} > 0$。如果其中一種產品的產量為零，則問題退化至第三章所示。

(1) 由上述條件可知 $\lambda = 0$，則上述$K - T$條件可轉化為：

$(p_i + r_i - c_i) - (p_i + r_i - v_i) F_i(Q_{ik}) = 0$

求解得：$Q_{iK}^* = F^{-1}\left(\dfrac{p_i + r_i - c_i}{p_i + r_i - v_i}\right)$；$i = 1, 2$。

(2) 由上述條件可知 $\lambda \neq 0$，則上述$K - T$條件可轉化為：

$\begin{cases} (p_i + r_i - c_i) - (p_i + r_i - v_i) F_i(Q_{iK}) - \lambda k_i = 0；i = 1, 2 \\ K - \sum_{i=1}^{2} k_i Q_{iK} = 0 \end{cases}$

因為該問題是凹規劃，因此存在 Q_{1K}^*、Q_{2K}^*、λ_K^* 使得以上方程組成立。

由(1)所得的最優產出下，製造企業的生產決策退化與無碳限額約束時的生產決策。

由（2）所得的最優產出下，由於 $\lambda \neq 0$，因此 $Q_{iK}^* < Q_i^*$；$i = 1, 2$，且 $K - \sum_{i=1}^{2} k_i Q_{iK}^* = 0$，即 Q_{1K}^*、Q_{2K}^*、λ_K^* 是 $K-T$ 點。此外，由於 λ 代表製造企業在最優產出時增加單位碳排放權投入所產生的收益，因此當 $\lambda \neq 0$ 時，製造企業的最優生產決策受限於碳限額的影響。

由於：

$$\theta_1(Q_{1K}) = \frac{1}{k_1}((p_1 + r_1 - c_1) - (p_1 + r_1 - v_1)F_1(Q_{1K}));$$

$$\theta_2(Q_{2K}) = \frac{1}{k_2}((p_2 + r_2 - c_2) - (p_2 + r_2 - v_2)F_2(Q_{2K}));$$

製造企業生產兩種產品，$\theta_1(Q_{1K}^*) = \theta_2(Q_{2K}^*)$ 表示產品 1 與產品 2 的單位碳排放權產生的利潤必須相等。否則，如果 $\theta_1(Q_{1K}^*) > \theta_2(Q_{2K}^*)$，那麼每多生產一單位產品 1 就能獲取更多的利潤，並且由於 $\frac{\partial^2 \pi^K(Q_K)_{Q_i}}{\partial Q_{1K}^2??} < 0$，那麼 $\theta_1(Q_{1K}^*)$ 將繼續減小，製造企業將繼續生產產品 1 直到出現 $\theta_1(Q_{1K}^*) = \theta_2(Q_{2K}^*)$ 均衡。同理可分析 $\theta_1(Q_{1K}^*) < \theta_2(Q_{2K}^*)$ 情形。

得證。

命題 4.1 表明，由於政府規定的碳限額存在，兩產品製造企業的生產決策會受到碳限額的影響。當 $K \geq \sum_{i=1}^{2} k_i Q_i^*$ 時，即政府規定的初始碳限額指標過高，高於製造企業在無碳限額情形下最優生產決策時產生的二氧化碳（CO_2）排放量，企業的最優生產決策退化為無碳限額約束時的最優生產決策，此時，有碳排放權剩餘。當 $K < \sum_{i=1}^{2} k_i Q_i^*$ 時，製造企業的生產決策受到政府規定碳限額的約束，此時，無碳排放權剩餘。

為了討論碳限額對製造企業生產決策的影響，有如下推論：

推論 4.1：在碳限額約束下，製造企業的最優生產量 $Q_{1K}^* \leq Q_1^*$，$Q_{2K}^* \leq Q_2^*$。

證明：

構造拉格朗日因子 $\varphi \geq 0$，由式 4.1 約束條件可得：

$$\begin{cases} k_1 Q_1 + ? k_2 Q_2 - K \leq 0 \\ \varphi(k_1 Q_1 + ? k_2 Q_2 - K) = 0 \\ (p_1 + r_1 - c_1) - (p_1 + r_1 - v_1)F_1(Q_1) - \varphi k_1 = 0 \\ (p_2 + r_2 - c_2) - (p_2 + r_2 - v_2)F_2(Q_2) - \varphi k_2 = 0 \end{cases}$$

當 $\varphi = 0$ 時，可得：

$$\frac{\partial \pi^n(Q_1, Q_2)}{\partial Q_1} = 0; \quad \frac{\partial \pi^n(Q_1, Q_2)}{\partial Q_2} = 0;$$

因此，可以得到 $Q_{1K}^* = Q_1^*$，$Q_{2K}^* = Q_2^*$，此時，$k_1 Q_1^* + k_2 Q_2^* \leq K$。

當 $\varphi > 0$ 時，可得：

$$\frac{\partial \pi^n(Q_1, Q_2)}{\partial Q_1} = (v_1 - p_1 - r_1) F_1(Q_1) + p_1 + r_1 - c_1 = \varphi k_1 > 0$$

$$\frac{\partial \pi^n(Q_1, Q_2)}{\partial Q_2} = (v_2 - p_2 - r_2) F_2(Q_2) + p_2 + r_2 - c_2 = \varphi k_2 > 0$$

由此可得 $Q_1^K < Q_1^*$，$Q_2^K < Q_2^*$，此時，$k_1 Q_1^* + k_2 Q_2^* = K$。

綜合可得 $Q_1^K \leq Q_1^*$，$Q_2^K \leq Q_2^*$。

得證。

推論 4.1 表明，製造企業在政府碳限額約束下的最優生產量小於在無碳限額約束下的最優生產量。

為了討論碳限額對製造企業期望利潤的影響，有如下推論：

推論 4.2：在碳限額約束下，製造企業的期望利潤：

$$\pi^K(Q_{1K}^*, Q_{2K}^*) = \begin{cases} \pi^n(Q_1^*, Q_2^*) & K \geq k_1 Q_1^* + k_2 Q_2^* \\ \pi^n(Q_{1K}^*, Q_{2K}^*) & K < k_1 Q_1^* + k_2 Q_2^* \end{cases}, \quad \text{且 } \pi^K(Q_{1K}^*, Q_{2K}^*) \leq$$

$\pi^n(Q_1^*, Q_2^*)$。

證明：

由命題 4.1 和推論 4.1 可得：

當 $k_1 Q_1^* + k_2 Q_2^* \leq K$ 時，那麼 $Q_{1K}^* = Q_1^*$，$Q_{2K}^* = Q_2^*$，由此可以得到：

$\pi^K(Q_{1K}^*, Q_{2K}^*) = \pi^n(Q_1^*, Q_2^*)$。

當 $k_1 Q_1^* + k_2 Q_2^* > K$ 時，那麼 $Q_{1K}^* < Q_1^*$，$Q_{2K}^* < Q_2^*$，由此可以得到：

$\pi^K(Q_{1K}^*, Q_{2K}^*) = \pi^n(Q_{1K}^*, Q_{2K}^*) < \pi^n(Q_1^*, Q_2^*)$。

得證。

推論 4.2 表明，製造企業在政府碳限額約束下的期望利潤小於在無碳限額約束下的期望利潤。

4.3 拓展模型

本部分繼續分三種情形討論。

4.3.1 情形一：進行碳排放權交易決策

情形一是在碳限額約束下，製造企業無法同時最優化生產所有品類的產品，將只進行碳排放交易的決策。其中 W 為外部碳交易市場上的碳排放權交易量，w 為單位碳排放權的價格。

製造企業在此情形下的期望利潤函數為：

$$\begin{cases} \pi^e(Q_e) = \sum_{i=1}^{2} \left((p_i + r_i - c_i)Q_{ie} - (p_i + r_i - v_i)\int_0^{Q_e} F_i(x)dx - r_i\mu_i \right) - wW \\ s.t. \quad \sum_{i=1}^{2} k_i Q_i = K + W \end{cases}$$

(4.4)

其中，$Q_e = (Q_{1e}, Q_{2e})$。

製造企業在此情況下的決策目標在於最大化期望利潤。

$\sum_{i=1}^{2} k_i Q_i = K + W$ 意味著製造企業的總碳排放量必須等於政府的初始碳排放配額與外部碳交易市場碳排放交易數量之和。

當 $W > 0$ 時，意味著製造企業將從外部碳交易市場購買碳排放配額；

當 $W = 0$ 時，意味著製造企業將不會在外部碳交易市場上進行碳排放權交易；

當 $W < 0$ 時，意味著製造企業將在外部碳交易市場上售出使用不完的配額。

命題 4.2：製造企業進行碳排放交易的決策，使製造企業期望利潤最大化的最優生產組合存在且唯一，最優生產組合為 $Q_e^* = F^{-1}\left(\dfrac{p_i + r_i - c_i - wk_i}{p_i + r_i - v_i}\right)$；$i = 1, 2$，且滿足 $\theta_1(Q_{1e}^*) = \theta_2(Q_{2e}^*) = w$，碳排放權交易量 $W_e^* = \sum_{i=1}^{2} k_i Q_{ie}^* - K$。

證明：

由式（4.4）可知，$W = \sum_{i=1}^{2} k_i Q_{ie} - K$，則製造企業的期望利潤函數為：

$\pi^e(Q_e) = \sum_{i=1}^{2} \pi^e(Q_{ie}) =$

$\sum_{i=1}^{2} \left((p_i + r_i - c_i)Q_{ie} - (p_i + r_i - v_i)\int_0^{Q_e} F_i(x)dx - r_i\mu_i \right) - w\left(\sum_{i=1}^{2} k_i Q_{ie} - K\right)$

$\pi^e(Q_e)$ 對 Q_{ie}；$i = 1, 2$ 求一階偏導得：

$\dfrac{\partial \pi^e(Q)_{Q_e}}{\partial Q_{1e}} = (p_1 + r_1 - c_1) - (p_1 + r_1 - v_1)F(Q_{1e}) - wk_1$；

$$\frac{\partial \pi^e(Q_e)_{Q_w}}{\partial Q_{2e}} = (p_2 + r_2 - c_2) - (p_2 + r_2 - v_2)F(Q_{2e}) - wk_2;$$

$\pi^e(Q_e)$ 對 Q_{ie}；$i = 1, 2$ 求二階偏導得：

$$\frac{\partial^2 \pi^e(Q_e)_{Q_w}}{\partial Q_{1e}^2} = -(p_1 + r_1 - v_1)f(Q_{1e}) < 0;$$

$$\frac{\partial^2 \pi^e(Q_e)_{Q_w}}{\partial Q_{2e}^2} = -(p_2 + r_2 - v_2)f(Q_2) < 0;$$

$$\frac{\partial^2 \pi^e(Q_e)_{Q_w}}{\partial Q_{1e} \partial Q_{2e}} = \frac{\partial^2 \pi^e(Q_e)_{Q_w}}{\partial Q_{2e} \partial Q_{1e}} = 0$$

進一步得海森矩陣：

$$\begin{vmatrix} \frac{\partial^2 \pi^e(Q_e)_{Q_w}}{\partial Q_{1e}^2} & \frac{\partial^2 \pi^e(Q_e)_{Q_w}}{\partial Q_{1e} Q_{2e}} \\ \frac{\partial^2 \pi^e(Q_e)_{Q_w}}{\partial Q_{2e} Q_{1e}} & \frac{\partial^2 \pi^e(Q_e)_{Q_w}}{\partial Q_{2e}^2} \end{vmatrix} = (v_1 - p_1 - r_1)f_1(Q_{1e})(v_2 - p_2 - r_2)f_2(Q_{2e}) > 0$$

由此可知，$\pi^e(Q_e)$ 是關於 Q_1 和 Q_2 的凹函數，可得產品 i 最優生產量：

$$Q_{ie}^* = F^{-1}\left(\frac{p_i + r_i - c_i - k_i w}{p_i + r_i - v_i}\right); \quad i = 1, 2;$$

令 $\dfrac{\partial \pi^e(Q_e)_{Q_w}}{\partial Q_{1e}} = 0$，可以得出：

$$\frac{\partial \pi^e(Q_e)_{Q_w}}{\partial Q_{1e}} = (p_1 + r_1 - c_1) - (p_1 + r_1 - v_1)F(Q_{1e}) = wk_1，由此可得 \theta_1(Q_{1e}^*)$$

$= w$；

令 $\dfrac{\partial \pi^e(Q_e)_{Q_w}}{\partial Q_{2e}} = 0$，可以得出：

$$\frac{\partial \pi^e(Q_e)_{Q_w}}{\partial Q_{2e}} = (p_2 + r_2 - c_2) - (p_2 + r_2 - v_2)F(Q_{2e}) = wk_2，由此可得 \theta_2(Q_{2e}^*)$$

$= w$；

且 $\theta_1(Q_{1e}^*) = \theta_2(Q_{2e}^*) = w$。

碳排放權交易量為 $W_e^* = \sum_{i=1}^{2} k_i Q_{ie}^* - K$。

得證。

以上證明表明，在碳限額與交易政策下，製造企業最優生產決策下必須滿足條件 $\theta_1(Q_{1e}^*) = \theta_2(Q_{2e}^*)$，否則製造企業可以通過多生產產品 1 或者產品 2 以

獲得更高的期望利潤。同時：

當 $\theta_1(Q_{1e}^*) = \theta_2(Q_{2e}^*) > w$ 時，單位的碳排放權所帶來的製造企業期望利潤的增加高於一單位的碳排放權價格，製造企業將購買碳排放權來生產更多的產品以獲得更多的利潤。

當 $\theta_1(Q_{1e}^*) = \theta_2(Q_{2e}^*) < w$ 時，單位的碳排放權所帶來的製造企業期望利潤的增加低於一單位的碳排放權價格，製造企業將出售碳排放權。

當 $\theta_1(Q_{1e}^*) = \theta_2(Q_{2e}^*) = w$ 時，單位的碳排放權所帶來的製造企業期望利潤的增加等於一單位的碳排放權價格，製造企業將不會進行碳排放權交易。企業在此情形下存在一個最優的生產決策，使得企業期望利潤最大。

為了討論碳限額與交易政策對生產決策的影響，可以得到以下命題：

推論 4.3：

（1）若 $\theta_1(Q_{1K}^*) = \theta_2(Q_{2K}^*) = w$，那麼，$Q_{1K}^* = Q_{1e}^* < Q_1^*$，$Q_{2K}^* = Q_{2e}^* < Q_2^*$；

（2）若 $\theta_1(Q_{1K}^*) = \theta_2(Q_{2K}^*) < w$，那麼，$Q_{1e}^* < Q_{1K}^* < Q_1^*$，$Q_{2e}^* < Q_{2K}^* < Q_2^*$；

（3）若 $\theta_1(Q_{1K}^*) = \theta_2(Q_{2K}^*) > w$，那麼，$Q_{1K}^* < Q_{1e}^* < Q_1^*$，$Q_{2K}^* < Q_{2e}^* < Q_2^*$。

證明：

$\theta_i(Q_i)$；$i = 1,2$ 是關於 Q_i；$i = 1,2$ 的遞減函數，由命題 4.1 和命題 4.2 可得，$\theta_1(Q_1^*) = 0$，$\theta_2(Q_2^*) = 0$，$\theta_1(Q_{1e}^*) = \theta_2(Q_{2e}^*) = w$，因此，$Q_1^* > Q_{1e}^*$，$Q_2^* > Q_{2e}^*$。

（1）若 $\theta_1(Q_{1K}^*) = \theta_2(Q_{2K}^*) = w$，可以得到 $\theta_1(Q_{1K}^*) = \theta_2(Q_{2K}^*) = \theta_1(Q_{1e}^*) = \theta_2(Q_{2e}^*)$，因此得到 $Q_{1K}^* = Q_{1e}^* < Q_1^*$，$Q_{2K}^* = Q_{2e}^* < Q_2^*$。

（2）若 $\theta_1(Q_{1K}^*) = \theta_2(Q_{2K}^*) < w$，可以得到 $\theta_1(Q_{1K}^*) = \theta_2(Q_{2K}^*) < \theta_1(Q_{1e}^*) = \theta_2(Q_{2e}^*)$，因此得到 $Q_{1e}^* < Q_{1K}^* < Q_1^*$，$Q_{2e}^* < Q_{2K}^* < Q_2^*$。

（3）若 $\theta_1(Q_{1K}^*) = \theta_2(Q_{2K}^*) > w$，可以得到 $\theta_1(Q_{1K}^*) = \theta_2(Q_{2K}^*) > \theta_1(Q_{1e}^*) = \theta_2(Q_{2e}^*)$，因此得到 $Q_{1K}^* < Q_{1e}^* < Q_1^*$，$Q_{2K}^* < Q_{2e}^* < Q_2^*$。

得證。

當 $\theta_1(Q_{1K}^*) = \theta_2(Q_{2K}^*) < w$ 時，意味著在碳限額約束下多獲取一單位碳排放權所帶來的利潤增加小於購買碳排放權的成本，製造企業將會考慮出售碳排放權，產品 1 和產品 2 的生產量同時減少。

當 $\theta_1(Q_{1K}^*) = \theta_2(Q_{2K}^*) > w$ 時，意味著在碳限額約束下多獲取一單位碳排放權所帶來的利潤增加大於購買碳排放權的成本，製造企業將會購買碳排放權來生產更多產品，產品 1 和產品 2 的生產量同時增加。

當 $\theta_1(Q_{1K}^*) = \theta_2(Q_{2K}^*) = w$ 時，意味著在碳限額約束下多獲取一單位碳排放權所帶來的利潤增加等於購買碳排放權的成本，製造企業將不會進行碳排放權交易。

推論 4.3 意味著進行碳排放權交易，製造企業產品 i; $i = 1$, 2 的最優生產量低於無碳限額約束下產品 i; $i = 1$, 2 的最優生產量，與碳限額約束下產品 i; $i = 1$, 2 的最優生產量間的大小關係主要取決於在碳限額約束下單位碳排放權產生的期望利潤增加的大小。

為了討論碳排放權交易對製造企業期望利潤的影響，可以得到以下命題：

推論 4.4：當 $K^* = k_1 Q_{1e}^* + k_2 Q_{2e}^* + \frac{1}{w}(\pi^n(Q_1^*, Q_2^*) - \pi^e(Q_{1e}^*, Q_{2e}^*))$ 時，

(1) 若 $K > K^*$，那麼，$\pi^e(Q_{1e}^*, Q_{2e}^*) > \pi^n(Q_1^*, Q_2^*) \geqslant \pi^K(Q_{1K}^*, Q_{2K}^*)$；
(2) 若 $K = K^*$，那麼，$\pi^e(Q_{1e}^*, Q_{2e}^*) = \pi^n(Q_1^*, Q_2^*) > \pi^K(Q_{1K}^*, Q_{2K}^*)$；
(3) 若 $K < K^*$，那麼，$\pi^n(Q_1^*, Q_2^*) > \pi^e(Q_{1e}^*, Q_{2e}^*) \geqslant \pi^K(Q_{1K}^*, Q_{2K}^*)$。

證明：

考慮 $\pi^e(Q_1, Q_2)$ 的極大值性，有 $\pi^e(Q_{1e}^*, Q_{2e}^*) \geqslant \pi^n(Q_1^*, Q_2^*) - w(k_1 Q_1^* + k_2 Q_2^* - K)$。

若 $K \geqslant k_1 Q_1^* + k_2 Q_2^*$，在此情形下，$\pi^K(Q_{1K}^*, Q_{2K}^*) = \pi^n(Q_1^*, Q_2^*)$，所以，$\pi^e(Q_{1e}^*, Q_{2e}^*) - \pi^K(Q_{1K}^*, Q_{2K}^*) \geqslant -w(k_1 Q_1^* + k_2 Q_2^* - K) > 0$。因此，$\pi^e(Q_{1e}^*, Q_{2e}^*) > \pi^K(Q_{1K}^*, Q_{2K}^*)$。若 $K < k_1 Q_1^* + k_2 Q_2^*$，在此情形下 $K = k_1 Q_{1K}^* + k_2 Q_{2K}^*$，考慮到 $\pi^e(Q_e^*)$ 的極大值性，$\pi^e(Q_{1e}^*, Q_{2e}^*) \geqslant \pi^n(Q_1^*, Q_2^*) - w(k_1 Q_1^* + k_2 Q_2^* - K)$，由推論 4.2 可知 $\pi^K(Q_{1K}^*, Q_{2K}^*) = \pi^n(Q_{1K}^*, Q_{2K}^*)$，由此可得 $\pi^e(Q_{1e}^*, Q_{2e}^*) - \pi^K(Q_{1K}^*, Q_{2K}^*) \geqslant -w(k_1 Q_{1K}^* + k_2 Q_{2K}^* - K) = 0$，所以，$\pi^e(Q_{1e}^*, Q_{2e}^*) = \pi^K(Q_{1K}^*, Q_{2K}^*)$。綜合所得，$\pi^e(Q_{1e}^*, Q_{2e}^*) \geqslant \pi^K(Q_{1K}^*, Q_{2K}^*)$。

若 $K \leqslant k_1 Q_{1e}^* + k_2 Q_{2e}^*$ 時，因為 $\pi^e(Q_1^*, Q_2^*) = \pi^n(Q_{1e}^*, Q_{2e}^*) - w(k_1 Q_{1e}^* + k_2 Q_{2e}^* - K) \leqslant \pi^n(Q_{1e}^*, Q_{2e}^*) < \pi^n(Q_1^*, Q_2^*)$，所以 $\pi^e(Q_{1e}^*, Q_{2e}^*) < \pi^n(Q_1^*, Q_2^*)$。若 $K > k_1 Q_{1e}^* + k_2 Q_{2e}^*$ 時，$\pi^e(Q_{1e}^*, Q_{2e}^*) \geqslant \pi^n(Q_1^*, Q_2^*) - w(k_1 Q_1^* + k_2 Q_2^* - K) > \pi^n(Q_1^*, Q_2^*)$，因此，$\pi^e(Q_{1e}^*, Q_{2e}^*) > \pi^n(Q_1^*, Q_2^*)$。

因此，當 $K^* \in (k_1 Q_{1e}^* + k_2 Q_{2e}^*, k_1 Q_1^* + k_2 Q_2^*)$ 時，根據介值定理可知，存在一個 K^* 滿足 $\pi^e(Q_{1e}^*, Q_{2e}^*) = \pi^n(Q_1^*, Q_2^*)$。反解得：$K^* = k_1 Q_{1e}^* + k_2 Q_{2e}^* + \frac{1}{w}(\pi^n(Q_1^*, Q_2^*) - \pi^e(Q_{1e}^*, Q_{2e}^*))$。

因為 $\pi^e(Q_1, Q_2)$ 是關於？K 的遞增函數，因此，

(1) 若 $K > K^*$，那麼，$\pi^e(Q_{1e}^*, Q_{2e}^*) > \pi^n(Q_1^*, Q_2^*) \geqslant \pi^K(Q_{1K}^*, Q_{2K}^*)$；
(2) 若 $K = K^*$，那麼，$\pi^e(Q_{1e}^*, Q_{2e}^*) = \pi^n(Q_1^*, Q_2^*) > \pi^K(Q_{1K}^*, Q_{2K}^*)$；

(3) 若 $K < K^*$, 那麼, $\pi^n(Q_1^*, Q_2^*) > \pi^e(Q_{1e}^*, Q_{2e}^*) \geqslant \pi^K(Q_{1K}^*, Q_{2K}^*)$。
得證。

推論 4.4 表明製造企業可以通過購買或出售碳排放權來增加製造企業的期望利潤。所以，進行碳排放權交易時，製造企業的期望利潤總是高於碳限額約束下的期望利潤，是否高於無碳限額時的期望利潤主要取決於政府的初始碳配額量。只有在政府給予較寬鬆的初始碳配額時，在進行碳排放權交易時，製造企業的期望利潤才會高於無碳限額下的期望利潤。

以上分析表明，當兩產品製造企業最優生產所產生的二氧化碳（CO_2）排放量低於政府規定的碳限額時，企業有碳排放權剩餘可能，其可以將剩餘的碳排放權在外部碳交易市場上出售獲利。反之，當製造企業最優生產所產生的二氧化碳（CO_2）排放量高於政府規定的碳限額時，企業的生產決策受到政府規定碳限額的影響，企業將在外部碳交易市場購買碳排放權維持生產。

4.3.2 情形二：進行綠色技術投入決策

情形二是在碳限額下，製造企業無法同時最優化生產所有品類的產品，將只進行綠色技術投入獲得碳排放權的節約，變相獲得額外的碳排放權。製造企業對產品 1 和產品 2 均進行綠色技術投入。

製造企業在此情形下的期望利潤函數為：

$$\begin{cases} \pi^t(Q_t, T) = \sum_{i=1}^{2} \left((p_i + r_i - c_i(T_i)) Q_{it} - (p_i + r_i - v_i) \int_0^{Q_{it}} F_i(x) dx - r_i \mu_i \right) \\ s.\ t.\ \sum_{i=1}^{2} k_i(T_i) Q_{it} \leqslant K \end{cases}$$

(4.5)

其中，$Q_t = (Q_{1t}, Q_{2t})$，$T = (T_1, T_2)$。

製造企業在此情況下的決策目標在於最大化期望利潤。

命題 4.3：製造企業對產品 1 和產品 2 均進行綠色技術投入時，使製造企業期望利潤最大化的最優綠色投入水平和最優生產組合存在且唯一，最優生產組合為 Q_{it}^*；$i = 1, 2$，且滿足式 4.7，最優綠色技術投入水平為 $T_{1t}^* \in (0, 1)$；$T_{2t}^* \in (0, 1)$。

證明：

構造拉格朗日函數：

$$L^t(Q_t, T, \lambda) = \sum_{i=1}^{2} \begin{pmatrix} (p_i + r_i - c_i(T_i)) Q_i - \\ (p_i + r_i - v_i) \int_0^{Q_i} F_i(x) dx - r_i \mu_i \end{pmatrix} + \lambda \left(K - \sum_{i=1}^{2} k_i(T_i) Q_i \right)$$

則其 $K-T$ 條件為：

(條件 4.3)

$$\frac{\partial L^t(Q_t, T, \lambda)_{Q_u}}{\partial Q_{it}} = (p_i + r_i - c_i(T_i)) - (p_i + r_i - v_i)F_i(Q_i) - \lambda k_i(T_i) \leq 0,$$

$$Q_i \geq 0, \quad Q_i \frac{\partial L^t(Q_t, T, \lambda)_{Q_u}}{\partial Q_i} = 0;$$

(條件 4.4)

$$\frac{\partial L^t(Q_t, T, \lambda)_{T_i}}{\partial T_i} = -\left(\frac{\partial c_i(T_i)}{\partial T_i} + \lambda \frac{\partial k_i(T_i)}{\partial T_i}\right)Q_{it} = 0, \quad T_i > 0,$$

$$T_i \frac{\partial L^t(Q_t, T, \lambda)_{T_i}}{\partial T_i} = 0$$

(條件 4.5)

$$\frac{\partial L^t(Q_t, T, \lambda)_\lambda}{\partial \lambda} = K - \sum_{i=1}^{2} k_i(T_i)Q_{it} \geq 0, \quad \lambda \geq 0, \quad \lambda \frac{\partial L^t(Q_t, T, \lambda)_\lambda}{\partial \lambda} = 0。$$

（1）由上述條件可知 $\lambda = 0$。則上述 $K-T$ 條件可轉化為：

$$\begin{cases}(p_i + r_i - c_i(T_i)) - (p_i + r_i - v_i)F_i(Q_i) = 0; & i = 1, 2 \\ -\frac{\partial c_i(T_i)}{\partial T_i}Q_i = 0; & i = 1, 2\end{cases} \quad (4.6)$$

因為該問題是凹規劃，因此存在 Q_{1t}^{1*}、Q_{2t}^{1*}、T_{1t}^{1*}、T_{2t}^{1*} 使得以上方程組成立。

（2）由上述條件可知 $\lambda \neq 0$。則上述 $K-T$ 條件可轉化為：

$$\begin{cases}(p_i + r_i - c_i(T_i)) - (p_i + r_i - v_i)F_i(Q_i) - \lambda k_i(T_i) = 0; & i = 1, 2 \\ -\left(\frac{\partial c_i(T_i)}{\partial T_i} + \lambda \frac{\partial k_i(T_i)}{\partial T_i}\right)Q_i = 0; & i = 1, 2 \\ K - \sum_{i=1}^{2} k_i(T_i)Q_i = 0\end{cases} \quad (4.7)$$

因為該問題是凹規劃，因此存在 Q_{1t}^{2*}、Q_{2t}^{2*}、T_{1t}^{2*}、T_{2t}^{2*}、λ_t^{2*} 使得以上方程組成立。

由（1）可知，當 $\lambda = 0$，Q_{1t}^{1*}、Q_{2t}^{1*}、T_{1t}^{1*}、T_{2t}^{1*} 是 $K-T$ 點，且 $Q_{1t}^{1*} < Q_1^*$，$Q_{2t}^{1*} < Q_2^*$。當成本結構滿足式 4.6 時，製造企業的最優生產量為 Q_{it}^{1*}；$i = 1$，2，最優綠色技術投入水平為 T_{1t}^{1*} 和 T_{2t}^{1*}。同時，由（1）可知，當 $\lambda = 0$，即製造企業在最優產出時增加單位碳配額投入所產生的利潤為零，此時有碳排放權剩餘，剩餘量為：$W^* = K - \sum_{i=1}^{2} k_i(T_{it}^{1*})Q_{it}^{1*}$。但由於在此情形下，製造企

業產生的碳排放權剩餘並不能通過外部碳排放權交易市場出售獲利，所以，製造企業並不會進行綠色技術投入。此時，製造企業的最優生產決策退化為無碳限額約束時的綠色技術投入，最優生產量 $Q_{it}^* = Q_i^*$；$i = 1, 2$，最優綠色技術投入水平 $T_i^* = 0$；$i = 1, 2$。

由（2）可知，當 $\lambda \neq 0$，Q_{1t}^{2*}、Q_{2t}^{2*}、T_{1t}^{2*}、T_{2t}^{2*}、λ_t^{2*} 是 $K - T$ 點，且 $Q_{1t}^{2*} < Q_1^*$，$Q_{2t}^{2*} < Q_2^*$，當成本結構滿足式 4.7 時，製造企業的最優生產量和最優綠色技術投入水平分別為 Q_{it}^{2*}，$i = 1, 2$，$T_{1t}^* \in (0,1)$；$T_{2t}^* \in (0,1)$。同時，由（2）可知，當 $\lambda \neq 0$，即製造企業在最優產出時增加單位碳配額投入所產生的利潤為正，但是在此 $K - T$ 點下，製造企業的生產受式 4.7 限制，製造企業的生產決策應符合 $K - \sum_{i=1}^{2} k_i(T_{it}^{2*})Q_{it}^{2*} = 0$，此時，製造企業的碳排放權剩餘為零。

因此，在碳限額約束下，製造企業進行綠色技術投入決策，存在一個最優的生產量 Q_{it}^*；$i = 1, 2$ 和最優的綠色技術投入水平 $T_{1t}^* \in (0,1)$；$T_{2t}^* \in (0,1)$，且成本結構滿足式 4.7。

得證。

命題 4.3 表明，兩產品製造企業通過綠色技術投入降低單位產品的碳排放水平，當企業最優生產所產生的二氧化碳（CO_2）排放量低於政府規定的碳限額時，企業的生產決策不受政府規定碳限額的影響，此時製造企業不會進行綠色技術投入，企業的最優生產決策為無碳限額約束時的最優生產決策；反之，當企業最優生產所產生的二氧化碳（CO_2）排放量高於政府規定的碳限額時，企業的生產決策受到政府規定碳限額的影響，此時，製造企業會進行綠色技術投入。

為了討論綠色技術投入對製造企業生產決策的影響，可以得到以下命題：

推論 4.5： $Q_{1K}^* \leqslant Q_{1t}^* \leqslant Q_1^*$，$Q_{2K}^* \leqslant Q_{2t}^* \leqslant Q_2^*$

證明：

（1）$K \geqslant \sum_{i=1}^{2} k_i Q_i^*$ 時，製造企業的碳排放量低於政府規定的碳限額時，企業的生產決策不受政府規定碳限額的影響，企業的綠色技術投入水平 $T_i^* = 0$；$i = 1, 2$。由此可得 $Q_{1K}^* = Q_{1t}^* = Q_1^*$，$Q_{2K}^* = Q_{2t}^* = Q_2^*$。

（2）$K < \sum_{i=1}^{2} k_i Q_i^*$ 時，製造企業的碳排放量受到政府碳限額約束的影響，企業會進行綠色技術投入，綠色技術投入水平 $T^* \in (0,1)$，所以：

$$F^{-1}\left(\frac{p_1 + r_1 - c_1}{p_1 + r_1 - v_1}\right) > F^{-1}\left(\frac{p_1 + r_1 - c_1(T_1^*)}{p_1 + r_1 - v_1}\right) = \frac{K - k_2(T_2)Q_2}{k_1(T_1)} > \frac{K - k_2 Q_2}{k_1},$$

$$F^{-1}\left(\frac{p_2 + r_2 - c_2}{p_2 + r_2 - v_2}\right) > F^{-1}\left(\frac{p_2 + r_2 - c_2(T_2)}{p_2 + r_2 - v_2}\right) = \frac{K - k_1(T_1)Q_1}{k_2(T_2)} > \frac{K - k_1 Q_1}{k_2}$$

由此可得 $Q_{1K}^* < Q_{1t}^* < Q_1^*$，$Q_{2K}^* < Q_{2t}^* < Q_2^*$。

綜上所得 $Q_{1K}^* \leq Q_{1t}^* \leq Q_1^*$，$Q_{2K}^* \leq Q_{2t}^* \leq Q_2^*$。

得證。

由推論 4.5 可知製造企業進行綠色技術投入決策后產品 1 和產品 2 的最優生產量均不低於碳限額約束時的最優生產量。

為了討論綠色技術投入對製造企業期望利潤的影響，可以得到以下命題：

推論 4.6：$\pi^K(Q_K^*) \leq \pi^t(Q_t^*, T^*) \leq \pi^*(Q^*)$

證明：

在碳限額約束下企業僅進行綠色技術投入決策時，當 $K \geq \sum_{i=1}^{2} k_i Q_i^*$，製造企業不會進行綠色技術投入。當 $K < \sum_{i=1}^{2} k_i Q_i^*$ 時，企業會進行綠色技術投入，則有 $\pi^t(Q_t^*, T^*) = \pi^n(Q_t^*) - \left((c_1(T_1) - c_1)\frac{K - k_2 Q_2}{k_1} + (c_2(T_2) - c_2)\frac{K - k_1 Q_1}{k_2}\right)$。

由推論 4.5 可得 $Q_{iK}^* \leq Q_i^*$，$Q_{it}^* \leq Q_i^*$，因此，可以得到 $\pi^t(Q_t^*, T^*) = \pi^n(Q_t^*) - \left((c_1(T_1) - c_1)\frac{K - k_2 Q_2}{k_1} + (c_2(T_2) - c_2)\frac{K - k_1 Q_1}{k_2}\right) \leq \pi^n(Q^*)$，則有 $\pi^t(Q_t^*, T^*) \leq \pi^n(Q^*)$，$\pi^K(Q_K^*) = \pi^n(Q_K^*) \leq \pi^*(Q^*)$。

又 $\pi^t(Q_t^*, T^*) - \pi^n(Q_K^*) = \pi^n(Q_t^*) - \pi^K(Q_K^*) - \left((c_1(T_1) - c_1)\frac{K - k_2 Q_2}{k_1} + (c_2(T_2) - c_2)\frac{K - k_1 Q_1}{k_2}\right)$，若 $T_i = 0$，那麼，$\pi^t(Q_t^*, T^*) - \pi^K(Q_K^*) = 0$。

（1）當 $\pi^n(Q_t^*) - \pi^n(Q_K^*) > \left((c_1(T_1) - c_1)\frac{K - k_2 Q_2}{k_1} + (c_2(T_2) - c_2)\frac{K - k_1 Q_1}{k_2}\right)$ 時，可得 $\pi^t(Q_t^*, T^*) \geq \pi^K(Q_K^*) = \pi^K(Q_K^*, 0)$，這時，進行綠色技術投入可以增加生產企業在碳限額約束下的期望利潤，$\pi^K(Q_K^*) \leq \pi^t(Q_t^*, T^*)$。

（2）當 $\pi^n(Q_t^*) - \pi^n(Q_K^*) = \left((c_1(T_1) - c_1)\frac{K - k_2 Q_2}{k_1} + (c_2(T_2) - c_2)\frac{K - k_1 Q_1}{k_2}\right)$ 時，可得 $\pi^t(Q_t^*, T^*) = \pi^K(Q_K^*) = \pi^K(Q_K^*, 0)$，這時，綠色技術投入不會增加生產企業在碳限額約束下的期望利潤，所以，生產企業理性地放棄綠色技術投入，

$\pi^K(Q_K^*) = \pi^t(Q_t^*, T^*)$。

(3) 當 $\pi^n(Q_t^*) - \pi^n(Q_K^*) < \left((c_1(T_1) - c_1) \dfrac{K - k_2 Q_2}{k_1} + (c_2(T_2) - c_2) \dfrac{K - k_1 Q_1}{k_2} \right)$ 時，可得 $\pi^t(Q_t^*, T^*) \leqslant \pi^K(Q_K^*) = \pi^K(Q_K^*, 0)$，這時，進行綠色技術投入只會減少生產企業在碳限額約束下的期望利潤，所以此時不進行綠色技術投入，從而 $\pi^K(Q_K^*) = \pi^t(Q_t^*, T^*)$。

綜上可得 $\pi^K(Q_K^*) \leqslant \pi^t(Q_t^*, T^*) \leqslant \pi^n(Q^*)$。

得證。

推論 4.6 表明在碳限額約束下，適當的綠色技術投入能夠增加生產企業的期望利潤。

4.3.3 情形三：進行碳排放權交易和綠色技術投入組合決策

情形三是在碳限額約束下，製造企業無法同時最優化生產所有品類的產品，將實施碳排放權交易和綠色技術投入的組合決策。製造企業分別對產品 1 和產品 2 進行綠色技術投入。

製造企業在此情形下的期望利潤函數為：

$$\begin{cases} \pi^c(Q_c, T_c) = \sum_{i=1}^{2} \left((p_i + r_i - c_i(T_{ic})) Q_{ic} - (p_i + r_i - v_i) \int_0^{Q_c} F_i(x) dx - r_i \mu_i \right) - wW \\ s.t. \sum_{i=1}^{2} k_i(T_{ic}) Q_{ic} = K + W \end{cases}$$

(4.8)

其中，$Q_c = (Q_{1c}, Q_{2c})$，$T_c = (T_{1c}, T_{2c})$。

製造企業在此情況下的決策目標在於最大化期望利潤。

$\sum_{i=1}^{2} k_i(T_{ic}) Q_{ic} = K + W$ 意味著製造企業的總碳排放量必須等於政府的初始碳排放配額與外部碳交易市場碳排放交易數量之和。

其中：

當 $W > 0$ 時，意味著製造企業將從外部碳交易市場購買碳排放配額；

當 $W = 0$ 時，意味著製造企業將不會在外部碳交易市場上進行碳排放權交易；

當 $W < 0$ 時，意味著製造企業將在外部碳交易市場上售出使用不完的配額。

定義 $\theta_1(T) = \dfrac{((c_1(T_1) - c_1) Q_1 + (c_2(T_2) - c_2) Q_2)_{T_1}'}{((k_1 - k_1(T_1)) Q_1 + (k_2 - k_2(T_2)) Q_2)_{T_1}'}$ 為製造企業對產品

1 進行綠色技術投入產生的單位碳排放權所發生的邊際成本，即 $\theta_1(T) = -\dfrac{c'_1(T_1)}{k'_1(T_1)}$；

定義 $\theta_2(T) = \dfrac{((c_1(T_1) - c_1)Q_1 + (c_2(T_2) - c_2)Q_2)'_{T_2}}{((k_1 - k_1(T_1))Q_1 + (k_2 - k_2(T_2))Q_2)'_{T_2}}$ 為製造企業對產品

2 進行綠色技術投入產生的單位碳排放權所發生的邊際成本，即 $\theta_2(T) = -\dfrac{c'_2(T_2)}{k'_2(T_2)}$。

命題 4.4：製造企業進行碳排放權交易和綠色技術投入組合決策，使製造企業期望利潤最大化的最優綠色技術投入水平和最優生產組合存在且唯一，最優生產組合為：$Q_{ic}^* = F^{-1}\left(\dfrac{p_i + r_i - c_i(T_{ic}) - wk_i(T_{ic})}{p_i + r_i - v_i}\right)$；$i = 1, 2$，且滿足 $\theta_1(Q_{1c}^*) = \theta_2(Q_{2c}^*) = w$ 和 $\theta_1(T_{1c}^*) = \theta_2(T_{2c}^*) = w$，最優綠色技術投入水平為 $T_{1c}^* \in (0,1)$ 和 $T_{2c}^* \in (0,1)$，碳排放權交易量 $W_c^* = \sum_{i=1}^{2} k_i(T_i)Q_i - K$。

證明：

由式（4.8）可知，$W = \sum_{i=1}^{2} k_i(T_{ic})Q_{ic} - K$，則製造企業的期望利潤函數為：

$\pi^c(Q_c, T_c) =$

$\sum_{i=1}^{2}\left((p_i + r_i - c_i(T_{ic}))Q_{ic} - (p_i + r_i - v_i)\int_0^{Q_c} F_i(x)dx - r_i\mu_i\right)$

$- w\left(\sum_{i=1}^{2} k_i(T_{ic})Q_{ic} - K\right)$

$\pi^c(Q, T)$ 對 Q_{ic}；$i = 1, 2$ 求一階偏導得：

$\dfrac{\partial \pi^c(Q_c, T_c)_{Q_c}}{\partial Q_{1c}} = (p_1 + r_1 - c_1(T_{1c})) - (p_1 + r_1 - v_1)F(Q_{1c}) - wk_1(T_{1c})$；

$\dfrac{\partial \pi^c(Q_c, T_c)_{Q_c}}{\partial Q_{2c}} = (p_2 + r_2 - c_2(T_{2c})) - (p_2 + r_2 - v_2)F(Q_{2c}) - wk_2(T_{2c})$；

$\pi^c(Q_c, T_c)$ 對 Q_{ic}；$i = 1, 2$ 求二階偏導得：

$\dfrac{\partial^2 \pi^c(Q_c, T_c)_{Q_c}}{\partial Q_{1c}^2} = -(p_1 + r_1 - v_1)f(Q_{1c}) < 0$；

$\dfrac{\partial^2 \pi^c(Q_c, T_c)_{Q_c}}{\partial Q_{2c}^2} = -(p_2 + r_2 - v_2)f(Q_{2c}) < 0$；

$$\frac{\partial^2 \pi^c(Q_c, T_c)_{Q_u}}{\partial Q_{1c} \partial Q_{2c}} = \frac{\partial^2 \pi^c(Q_c, T_c)_{Q_u}}{\partial Q_{2c} \partial Q_{1c}} = 0$$

進一步得海森矩陣:

$$\begin{vmatrix} \dfrac{\partial^2 \pi^c(Q_c, T_c)_{Q_u}}{\partial Q_{1c}^2} & \dfrac{\partial^2 \pi^c(Q_c, T_c)_{Q_u}}{\partial Q_1 Q_2} \\ \dfrac{\partial^2 \pi^c(Q_c, T_c)_{Q_u}}{\partial Q_{2c} Q_{1c}} & \dfrac{\partial^2 \pi^c(Q_c, T_c)_{Q_u}}{\partial Q_{2c}^2} \end{vmatrix} = (p_1 + r_1 - v_1)f(Q_{1c})(p_2 + r_2 - v_2)f(Q_{2c}) > 0$$

由此可知, $\pi^c(Q, T)$ 是關於 Q_{1c} 和 Q_{2c} 的凹函數, 可得產品 i 最優生產量:

$$Q_{ic}^* = F^{-1}\left(\frac{p_i + r_i - c_i(T_{ic}) - wk_i(T_{ic})}{p_i + r_i - v_i}\right); \ i = 1, 2;$$

其最優綠色技術投入水平決策模型如下:

$$\pi^c(Q_c, T_c) =$$
$$(p_1 + r_1 - c_1(T_{1c}))Q_{1c}^* - (p_1 + r_1 - v_1)\int_0^{Q_{1c}^*} F_1(x)dx - r_1\mu_1 +$$
$$(p_2 + r_2 - c_2(T_{2c}))Q_{2c}^* - (p_2 + r_2 - v_2)\int_0^{Q_{2c}^*} F_2(x)dx - r_2\mu_2 -$$
$$w\left(\sum_{i=1}^{2} k_{ic}(T_{ic})Q_{ic} - K\right)$$

$$\frac{\partial \pi^c(Q_c, T_c)_{T_u}}{\partial T_{1c}} = -(c'_1(T_{1c}) + wk'_1(T_{1c}))Q_{1c}^*$$

$$\frac{\partial \pi^c(Q_c, T_c)_{T_u}}{\partial T_{2c}} = -(c'_2(T_{2c}) + wk'_2(T_{2c}))Q_{2c}^*$$

$$\frac{\partial^2 \pi^c(Q_c, T_c)_{T_u}}{\partial T_{1c}^2} =$$
$$-(c''(T_{1c}) + wk''_1(T_{1c}))Q_{1c}^* + (c'_1(T_{1c}) + wk'_1(T_{1c}))\frac{c'_1(T_{1c}) + wk'_1(T_{1c})}{p_1 + r_1 - v_1}f^{-1}(Q_{1c}^*)$$

$$\frac{\partial^2 \pi^c(Q_c, T_c)_{T_u}}{\partial T_{2c}^2} =$$
$$-(c''(T_{2c}) + wk''_2(T_{2c}))Q_{2c}^* + (c'_2(T_{2c}) + wk'_2(T_{2c}))\frac{c'_2(T_{2c}) + wk'_2(T_{2c})}{p_2 + r_2 - v_2}f^{-1}(Q_{2c}^*)$$

假設存在 T_{1c}^* 使得 $\dfrac{\partial \pi^c(Q_c, T_c)_{T_u}}{\partial T_{1c}} = 0$, 存在 T_{2c}^* 使得 $\dfrac{\partial \pi^c(Q_c, T_c)_{T_u}}{\partial T_{2c}} = 0$,

又因為 $c''_1(T_{1c}) \geq 0$, $k''_1(T_{2c}) \geq 0$, $c''_2(T_{2c}) \geq 0$, $k''_2(T_{2c}) \geq 0$, 則:

$$\frac{\partial^2 \pi^c(Q_c, T_c)_{T_v}}{\partial T_{1c}^2} = -(c'_1(T_{1c}) + wk'_1(T_{1c}))Q_{1c}^* < 0;$$

$$\frac{\partial^2 \pi^c(Q_c, T_c)_{T_v}}{\partial T_{2c}^2} = -(c'_2(T_{2c}) + wk'_2(T_{2c}))Q_{2c}^* < 0$$

所以, $\frac{\partial \pi^c(Q_c, T_c)_{T_v}}{\partial T_{1c}} = 0$ 成立, $\frac{\partial \pi^c(Q_c, T_c)_{T_v}}{\partial T_{2c}} = 0$ 成立, 即 T_{1c}^* 和 T_{2c}^* 分別為製造企業的最優綠色技術投入水平, $T_{1c}^* \in (0,1)$, $T_{2c}^* \in (0,1)$,

此時, 製造企業最優生產量:

$$Q_{1c}^* = F^{-1}\left(\frac{p_1 + r_1 - c_1(T_{1c}^*) - wk_1(T_{1c}^*)}{p_1 + r_1 - v_1}\right), Q_{2c}^*$$

$$= F^{-1}\left(\frac{p_2 + r_2 - c_1(T_{2c}^*) - wk_1(T_{2c}^*)}{p_2 + r_2 - v_2}\right)$$

令 $\frac{\partial \pi^c(Q_c, T_c)_{Q_v}}{\partial Q_{1c}} = 0$, 可以得出:

$$\frac{\partial \pi^c(Q_c, T_c)_{Q_v}}{\partial Q_{1c}} = (p_1 + r_1 - c_1) - (p_1 + r_1 - v_1)F(Q_{1c}) = wk_1(T_{1c}), 可得$$

$\theta_1(Q_{1c}^*) = w$;

令 $\frac{\partial \pi^c(Q_c, T_c)_{Q_v}}{\partial Q_{2c}} = 0$, 可以得出:

$$\frac{\pi^c(Q_c, T_c)_{Q_v}}{\partial Q_2 c} = (p_2 + r_2 - c_2) - (p_2 + r_2 - v_2)F(Q_{2c}) = wk_2(T_{2c}), 可得$$

$\theta_2(Q_{2c}^*) = w$;

且 $\theta_1(Q_{1c}^*) = \theta_2(Q_{2c}^*) = w$。

令 $\frac{\partial \pi^c(Q_c, T_c)_{T_v}}{\partial T_{1c}} = -(c'_1(T_{1c}) + wk'_1(T_{1c}))Q_{1c}^* = 0;$ 可以得出 $w = -\frac{c'_1(T_1)}{k'_1(T_1)}$,

$\frac{\partial \pi^c(Q_c, T_c)_{T_v}}{\partial T_{2c}} = -(c'_2(T_{2c}) + wk'_2(T_{2c}))Q_{2c}^* = 0;$ 可以得出 $w = -\frac{c'_2(T_2)}{k'_2(T_2)}$,

即 $\theta_1(T_{1c}^*) = \theta_2(T_{2c}^*) = w$。此時最優碳排放權交易量為 $W_c^* = \sum_{i=1}^{2} k_i(T_i)Q_i - K$。

得證。

以上證明表明, 製造企業最優生產決策下必須滿足條件 $\theta_1(T_{1c}^*) =$

$\theta_2(T_{2c}^*)$，否則製造企業可以繼續對產品 1 或者產品 2 進行綠色技術投入以獲得更高的期望利潤。同時：

當 $\theta_1(T_{1c}^*) = \theta_2(T_{2c}^*) > w$ 時，進行綠色技術投入產生的單位碳排放權成本高於市場上單位碳排放權的價格，進行綠色技術投入會減少製造企業的期望利潤，製造企業不會進行綠色技術投入，轉而在外部碳交易市場上購買碳排放權來進行生產活動。

當 $\theta_1(T_{1c}^*) = \theta_2(T_{2c}^*) = w$ 時，進行綠色技術投入后產生的單位碳排放權成本等於市場上單位碳排放權的價格，企業可以選擇進行綠色技術投入，或者進行碳排放權交易。

當 $\theta_1(T_{1c}^*) = \theta_2(T_{2c}^*) < w$ 時，進行綠色技術投入后的單位碳排放權成本低於市場上單位碳排放權的價格，進行綠色技術投入會增加製造企業的期望利潤，製造企業會進行綠色技術投入，以獲得更多的利潤。

因此，當進行綠色技術投入後所取得的單位碳排放權成本低於市場上單位碳排放權價格時，製造企業會選擇進行綠色技術投入。當進行綠色技術投入後所取得的單位碳排放權成本高於市場上單位碳排放權價格時，製造企業會選擇進行碳排放權交易決策。

以上證明表明，製造企業最優生產決策下必須滿足條件 $\theta_1(Q_{1c}^*) = \theta_2(Q_{2c}^*)$，否則製造企業可以通過多生產產品 1 或者產品 2 以獲得更高的期望利潤。同時：

當 $\theta_1(Q_{1c}^*) = \theta_2(Q_{2c}^*) > w$ 時，單位的碳排放權所帶來的製造企業期望利潤的增加高於一單位的碳排放權價格，製造企業將購買碳排放權來生產更多的產品以獲得更多的利潤。

當 $\theta_1(Q_{1c}^*) = \theta_2(Q_{2c}^*) < w$ 時，單位的碳排放權所帶來的製造企業期望利潤的增加低於一單位的碳排放權價格，製造企業將出售碳排放權。

當 $\theta_1(Q_{1c}^*) = \theta_2(Q_{2c}^*) = w$ 時，單位的碳排放權所帶來的製造企業期望利潤的增加等於一單位的碳排放權價格，製造企業將不會進行碳排放權交易。企業在此情形下存在一個最優的生產決策，使得企業期望利潤最大。

為了討論對製造企業生產決策的影響，可以得到以下命題：

推論 4.7：

(1) 若 $\theta(Q_{1K}^*) = \theta(Q_{2K}^*) > w$，那麼，$Q_{1K}^* < Q_{1c}^* < Q_1^*$；$Q_{2K}^* < Q_{2c}^* < Q_2^*$；

(2) 若 $\theta(Q_{1K}^*) = \theta(Q_{2K}^*) = w$，那麼，$Q_{1c}^* = Q_{1K}^* < Q_1^*$；$Q_{2c}^* = Q_{2K}^* < Q_2^*$；

(3) 若 $\theta(Q_{1K}^*) = \theta(Q_{2K}^*) < w$，那麼，$Q_{1c}^* < Q_{1K}^* < Q_1^*$；$Q_{2c}^* < Q_{2K}^* < Q_2^*$。

證明：

$\theta_1(Q_1)$ 是關於 Q_1 的遞減函數，$\theta_2(Q_2)$ 是關於 Q_2 的遞減函數。由前述分析可得，$\theta(Q_i^*) = 0$，$\theta(Q_{ic}^*) = w$，因此，$Q_i^* > Q_{ic}^*$。

（1）若 $\theta(Q_{1K}^*) = \theta(Q_{2K}^*) > w$，可以得到 $\theta(Q_{1c}^*) = \theta(Q_{2c}^*) < \theta(Q_{1K}^*) = \theta(Q_{2K}^*)$，因此得到 $Q_{1K}^* < Q_{1c}^* < Q_1^*$；$Q_{2K}^* < Q_{2c}^* < Q_2^*$。

（2）若 $\theta(Q_{1K}^*) = \theta(Q_{2K}^*) = w$，可以得到 $\theta(Q_{1c}^*) = \theta(Q_{2c}^*) = \theta(Q_{1K}^*) = \theta(Q_{2K}^*)$，因此得到 $Q_{1c}^* = Q_{1K}^* < Q_1^*$；$Q_{2c}^* = Q_{2K}^* < Q_2^*$。

（3）若 $\theta(Q_{1K}^*) = \theta(Q_{2K}^*) < w$，可以得到 $\theta(Q_{1c}^*) = \theta(Q_{2c}^*) > \theta(Q_{1K}^*) = \theta(Q_{2K}^*)$，因此得到 $Q_{1c}^* < Q_{1K}^* < Q_1^*$；$Q_{2c}^* < Q_{2K}^* < Q_2^*$。

得證。

推論 4.7 表明，在製造企業進行碳排放權交易與綠色技術投入組合決策時的產品 1 和產品 2 的最優生產量均不高於無碳限額約束時的最優生產量，與碳限額約束時的最優生產量的關係取決於單位碳排放權增加產生的利潤的大小。

為了討論碳限額與交易對製造企業期望利潤的影響，可以得到以下命題：

推論 4.8： 當 $K^* = \sum_{i=1}^{2} k_i(T_i) Q_{ic}^* + \frac{1}{w}(\pi^n(Q^*) - \pi^c(Q_c^*, T_c^*))$ 時：

（1）若 $K > K^*$，那麼，$\pi^c(Q_c^*, T_c^*) > \pi^n(Q^*) > \pi^K(Q_K^*)$；

（2）若 $K = K^*$，那麼，$\pi^c(Q_c^*, T_c^*) = \pi^n(Q^*) > \pi^K(Q_K^*)$；

（3）若 $K < K^*$，那麼，$\pi^n(Q^*) > \pi^c(Q_c^*, T_c^*) \geq \pi^K(Q_K^*)$。

證明：

由前述分析可得：$\pi^c(Q_c^*, T_c^*) = \pi^n(Q_c^*) - \sum_{i=1}^{2} w(k_i(T_i)Q_{ic}^* - K)$，

考慮 $\pi^c(Q_c^*, T_c^*)$ 的極大值性，有 $\pi^c(Q_c^*, T_c^*) \geq \pi^n(Q_i^*) - \sum_{i=1}^{2} w(k_i Q_i^* - K)$。

若 $K \geq \sum_{i=1}^{2} k_i Q_i^*$ 時，在此情形下，$\pi^n(Q^*) = \pi^K(Q_K^*)$，所以，$\pi^c(Q_c^*, T_c^*) - \pi^K(Q_K^*) > -\sum_{i=1}^{2} w(k_i Q_i^* - K) > 0$，因此，$\pi^c(Q_c^*, T_c^*) > \pi^K(Q_K^*)$；

若 $K < \sum_{i=1}^{2} k_i Q_i^*$ 時，在此情形下 $K = \sum_{i=1}^{2} k_i Q_{iK}^*$，由前述分析可知 $\pi^K(Q_K^*) = \pi^n(Q_K^*)$，由此可得 $\pi^c(Q_c^*, T_c^*) - \pi^K(Q_K^*) \geq -\sum_{i=1}^{2} w(k_i Q_{iK}^* - K) = 0$，所以，$\pi^c(Q_c^*, T_c^*) = \pi^K(Q_K^*)$。綜合可得 $\pi^c(Q_c^*, T_c^*) \geq \pi^K(Q_K^*)$。

若 $K \leq \sum_{i=1}^{2} k_i(T_i) Q_{ic}^*$，因為 $\pi^c(Q_c^*, T_c^*) = \pi^n(Q_c^*) - \sum_{i=1}^{2} w(k_i(T_i) Q_{ic}^* - K) < \pi^n(Q_c^*) < \pi^n(Q^*)$，所以 $\pi^c(Q_c^*, T_c^*) < \pi^n(Q^*)$；若 $K >$

$\sum_{i=1}^{2} k_i(T_i) Q_{ic}^*$，則有 $\pi^c(Q_c^*, T_c^*) > \pi^n(Q^*) - \sum_{i=1}^{2} w(k_i(T_i) Q_{ic}^* - K) > \pi^n(Q^*)$，即 $\pi^c(Q_c^*, T_c^*) > \pi^n(Q^*)$。

因此，根據介值定理可知，存在一個 K^*，使得 $\pi^c(Q_c^*, T_c^*) = \pi^n(Q^*)$。反解得 $K^* = \sum_{i=1}^{2} k_i(T_i) Q_{ic}^* + \frac{1}{w}(\pi^n(Q^*) - \pi^c(Q_c^*, T_c^*))$。

因為 $\pi^c(Q)$ 是關於 K 的遞增函數，因此：
(1) 若 $K > K^*$，那麼，$\pi^c(Q_c^*, T_c^*) > \pi^n(Q^*) > \pi^K(Q_K^*)$；
(2) 若 $K = K^*$，那麼，$\pi^c(Q_c^*, T_c^*) = \pi^n(Q^*) > \pi^K(Q_K^*)$；
(3) 若 $K < K^*$，那麼，$\pi^n(Q^*) > \pi^c(Q_c^*, T_c^*) \geq \pi^K(Q_K^*)$。

得證。

由推論 4.8 可知，製造企業進行碳排放權交易與綠色技術投入組合決策時的最大期望利潤不小於有碳限額約束時的期望利潤，是否高於無碳限額約束下的期望主要取決於政府初始碳配額的大小。

4.4 數值分析

考慮自由市場中一個面臨隨機需求的製造企業和兩個消費群體，產品 1 面臨的市場需求服從正態分佈 $X \sim N(100, 25^2)$，產品 2 面臨的市場需求服從正態分佈 $X \sim N(120, 30^2)$。銷售期結束時，剩餘庫存會按照殘值進行處理。同時，製造企業也會面臨缺貨損失。參數的取值如表 4-2 所示。

表 4-2　　　　　　　　　　模型參數

參數	p	c	r	v	k
產品 1	80	40	20	10	1
產品 2	120	50	25	15	0.8

4.4.1 無碳限額約束情形

通過求解，在無碳限額約束下，製造企業的產品 i；$i = 1, 2$ 的最優生產量、期望利潤、碳排放量和總利潤如表 4-3 所示。

表 4-3　　　　　　　無碳限額約束情形下製造企業期望利潤

參數	Q^*	π_i^*	kQ^*	$\sum_{i=1}^{2}\pi^*$
產品 1	110	3,156	110	10,231
產品 2	138	7,075	110.4	

4.4.2　碳限額約束情形

在碳限額約束下，政府規定的碳限額 $K = 150$（單位）。通過求解，在碳限額約束下，製造企業產品 i；$i = 1, 2$ 的最優生產量和總利潤如表 4-4、圖 4-1 和圖 4-2 所示。

通過數值分析可以看出：

（1）政府規定的碳限額對製造企業的最優生產決策會產生影響。

（2）通過圖 4-1 可以看出，由於政府規定的碳限額的存在，在碳限額約束情形下製造企業產品 1 和產品 2 的最優生產量均不會超過無碳限額約束情形下的最優生產量；總利潤也不會超過無碳限額約束情形下的總利潤。在碳限額約束情形下製造企業的期望利潤與無限額情形約束下的期望利潤之間的差距，即為企業通過碳排放權交易或綠色技術投入等決策優化可以改進的空間。

（3）通過圖 4-2 可以看出，製造企業生產兩種產品在碳限額約束情形下存在一個最優生產組合。在這個最優生產組合中產品 2 的產量高於產品 1 的產量。這一情況符合現實情況。當製造企業生產兩種產品，產品 2 為低碳產品，其成本高，但排碳量低，利潤高；產品 1 為高碳產品，其成本低，但排碳量高，利潤低。在這種情形下，當政府制定的碳限額與交易機制科學合理時，將引導企業多生產低碳產品，達到既能保證企業合理利潤，又能實現節能減排的目的。

表 4-4　　　　　　　碳限額約束情形下製造企業期望利潤

參數	Q_K^*	$\sum_{i=1}^{2}\pi_K^*$
產品 1	62	8,117
產品 2	138	

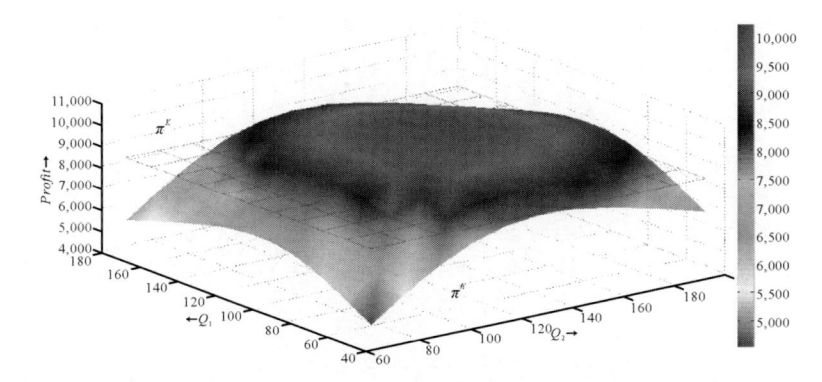

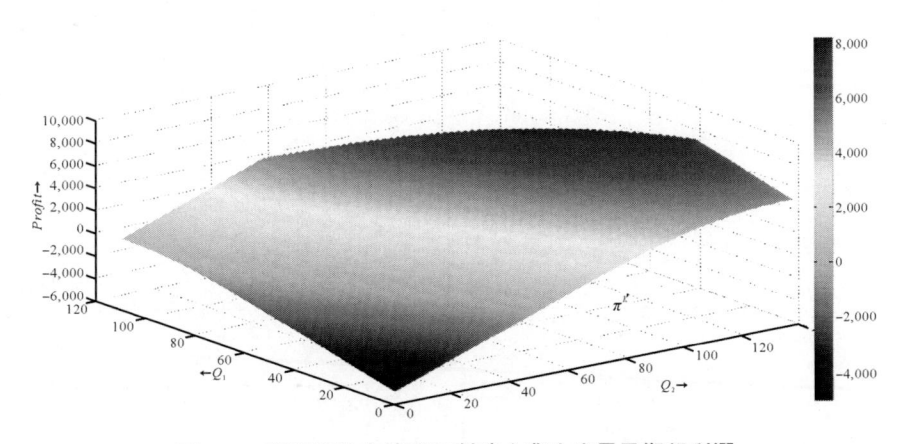

图 4-1　无限额与碳限额约束情形下制造企业期望利润比较

图 4-2　碳限额约束情形下制造企业生产量及期望利润

4.4.3　碳排放权交易情形

在碳限额约束下，制造企业进行情形一的决策，即只进行碳排放交易的决策。

通过表 4-5 和图 4-3 可以看到：

（1）在碳限额约束情形下，制造企业进行碳排放权交易有助于优化制造企业的生产决策。

（2）单位碳排放权价格 w 的高低将影响碳排放权的购买量，进而影响产品的生产量、碳排放权交易量和企业总利润。通过数值分析可以看到，随着单位碳排放权价格的不断增加，企业两种产品的生产量均呈下降趋势，其中高碳产品 1 产量降速快于低碳产品 2。企业的总利润也随着单位碳排放权价格的增加而下降。但需要说明的是，当单位碳排放权价格极低时，企业会大量购买碳

4　考虑碳限额与交易政策的制造企业两产品生产决策　75

排放權，企業的總利潤接近無限額情形下的總利潤。當單位碳排放權價格過高，理論上達到單位碳排放權產生的收益時，企業不會購買碳排放權，企業的總利潤降至碳限額約束情形下的企業期望利潤。

表 4-5　　　　　　碳排放權交易情形下主要參數變化情況

w	W	Q_{1e}^{*}	Q_{2e}^{*}	$\sum_{i=1}^{2}\pi_{e}^{*}$
10	59	105	131	9,618
20	43	94	124	9,063
30	43	94	124	8,635
40	26	83	117	8,328
50	10	72	110	8,135

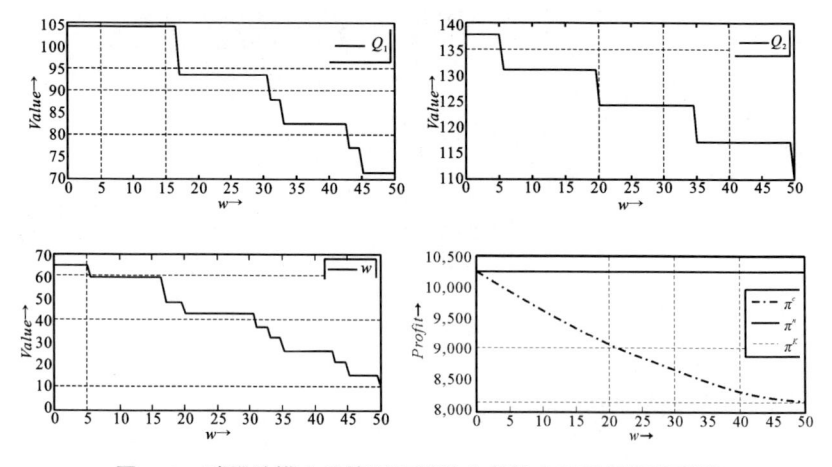

圖 4-3　碳排放權交易情形下製造企業的生產量及期望利潤

4.4.4　綠色技術投入情形

碳限額約束下，製造企業進行情形二的決策，即只進行綠色技術投入獲得碳排放權的節約，變相獲得額外的碳排放權。

（1）製造企業僅對產品 2 進行綠色技術投入，設 $\alpha_2 \in [0, 40]$，$\beta_2 \in [0, 0.4]$，研究當 α_2 和 β_2 在相應區間變化對製造企業最優綠色技術投入水平 T_2^{*}、最優生產量 Q_{1t}^{*} 和 Q_{2t}^{*}，以及期望利潤 $\sum_{i=1}^{2}\pi_{t}^{*}$ 的影響變化情況見表 4-6 和圖 4-4。

其中 $(\cdot) = (T_{2t}^*, Q_{1t}^*, Q_{2t}^*, \pi_t^*, W)$，相應函數及參數如下：

$c(T_2) = c_2 + \frac{1}{2}\alpha_2 T_2^2$；$c_2 = 40$；$\alpha \in [0, 40]$；$k(T_2) = k_2 - \beta_2 T_2$；$\beta_2 \in [0, 0.4]$。

通過表 4-6 和圖 4-4 可以看到：

①當 α_2 確定，即綠色技術投入導致的單位產品成本一定，隨著 β_2 的增加，即綠色技術投入降低單位碳排放水平的效果越好，企業綠色技術投入、產品 1、產品 2 的產量、碳排放權剩餘量和期望利潤會持續增加。極端情況，當 α_2 的值極低，綠色技術投入降低單位碳排放水平的效果非常好時，企業可以獲得非常高的期望利潤。這可以說明低碳減排技術對於碳限額與交易政策約束下製造企業可持續發展的重要性。

②當 β_2 確定，即綠色技術投入降低單位碳排放的效果一定，隨著 α_2 的增加，即綠色技術投入導致的單位產品成本增加，企業綠色技術投入、產品 1、產品 2 的產量、碳排放權剩餘量和期望利潤會持續下降。

表 4-6　綠色技術投入情形下（僅對產品 2）主要參數變化情況

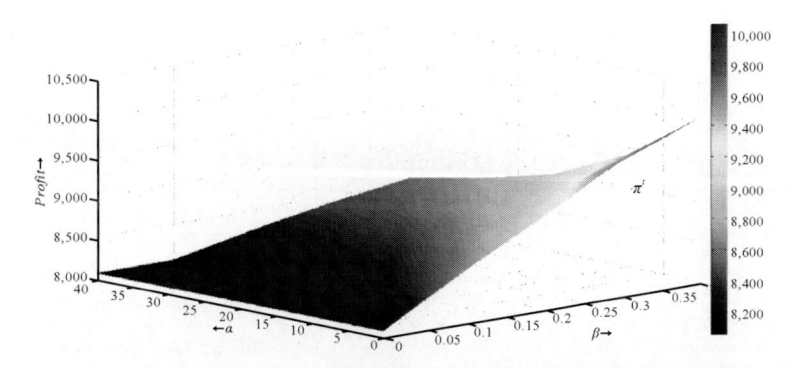

$\alpha\beta$	0.1	0.2	0.3	0.4
10	(0.4;66;110;8,256;0.09)	(0.9;77;117;8,672;0.27)	(0.9;83;124;9,070;1.67)	(0.9;94;124;9,418;1.85)
20	(0.4;66;110;8,167;0.09)	(0.5;72;110;8,350;1.22)	(0.6;77;117;8,725;0.27)	(0.7;88;117;8,986;1)
30	(0.4;66;110;8,079;0.09)	(0.2;66;110;8,278;0.09)	(0.6;77;117;8,514;0.27)	(0.6;83;117;8,749;1.81)
40	(0;61;110;8,053;1.18)	(0.2;66;110;8,256;0.09)	(0.3;72;110;8,427;0.12)	(0.5;77;117;8,561;2.62)

圖 4-4　綠色技術投入（僅對產品 2）情形下製造企業期望利潤

（2）製造企業對產品 1 和產品 2 均進行綠色技術投入，設 $\alpha_1 \in [0, 40]$、$\alpha_2 \in [0, 50]$，$\beta_1 \in [0, 0.4]$，$\beta_2 \in [0, 0.3]$。研究當 α_1、α_2、β_1、β_2 在相應區間變化對製造企業最優綠色技術投入水平 T_1^* 和 T_2^*、最優生產量 Q_{1t}^* 和

Q_{2t}^*，以及期望利潤 $\sum_{i=1}^{2}\pi_t^*$ 和碳排放權剩餘量的影響變化情況見表4-7至表4-10和圖4-5至圖4-8。

其中 $(\cdot) = (T_1^*; T_2^*; Q_{1t}^*; Q_{2t}^*; \sum_{i=1}^{2}\pi_t^*; W^*)$，相應函數及參數如下：

$c(T_1) = c_1 + \frac{1}{2}\alpha_1 T_1^2$；$c_1 = 40$；$\alpha_1 \in [0, 40]$；

$c(T_2) = c_2 + \frac{1}{2}\alpha_2 T_2^2$；$c_2 = 40$；$\alpha_2 \in [0, 50]$；

$k(T_1) = k_1 - \beta_1 T_1$；$\beta_1 \in [0, 0.4]$；

$k(T_2^*) = k_2 - \beta_2 T$；$\beta_2 \in [0, 0.3]$。

通過圖表分析可以看到：

①製造企業對產品1和產品2均進行綠色技術投入，當產品的 α_1 和 α_2 一定，即產品1和產品2的綠色技術投入后的單位產品生產成本確定，隨著產品的 β_1 和 β_2 增加，即產品1和產品2的綠色技術降低單位產品碳排放水平的效果改善，產品的綠色技術投入會增加，產品1和產品2生產量會增加，期望利潤會增加，碳排放權剩餘量會增加。

②製造企業對產品1和產品2均進行綠色技術投入，當產品的 β_1 和 β_2 一定，即產品1和產品2的綠色技術降低單位產品碳排放的效果一定，隨著產品的 α_1 和 α_2 增加，即產品1和產品2的綠色技術投入后的單位產品生產成本增加，產品的綠色技術投入會降低，產品1和產品2生產量會降低，期望利潤會降低，碳排放權剩餘量會降低。

數值結構印證，綠色技術降低單位產品碳排放水平的效果好壞和綠色技術增加導致的單位產品成本水平的高低決定著企業綠色技術投入的水平高低及企業生產量和期望利潤的高低。

表4-7　　綠色技術投入情形下主要參數變化情況 ($\alpha_1 = 40$)

α_2	15		35	
$\beta_2\backslash\beta_1$	0.2	0.4	0.2	0.4
0.15	(0.1;0.5;66;117;8,385;0.28)	(0.4;0.5;77;117;8,680;0.28)	(0.1;0.2;66;110;8,253;0.31)	(0.4;0.2;77;110;8,549;0.31)
0.3	(0.2;0.8;83;124;8,911;1.25)	(0.3;0.6;83;124;9,089;0.40)	(0.1;0.4;72;117;8,557;0.17)	(0.4;0.4;83;117;8,790;0.94)

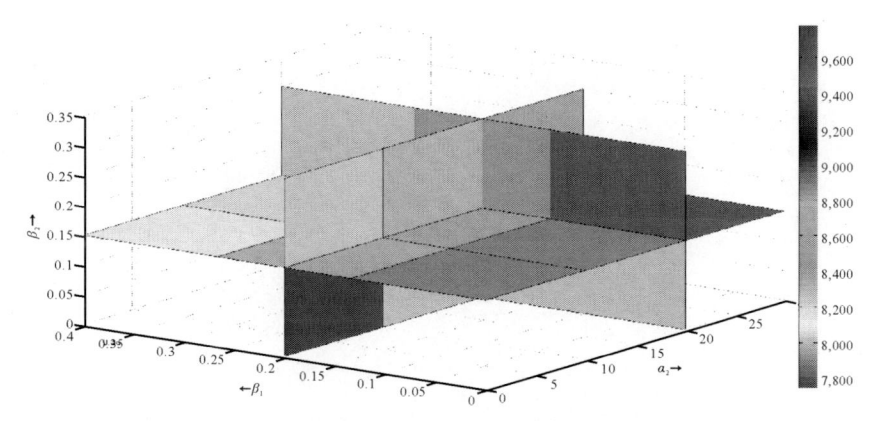

圖 4-5　綠色技術投入情形下製造企業期望利潤（$\alpha_1 = 40$）

表 4-8　　　綠色技術投入情形下主要參數變化情況（$\alpha_2 = 50$）

α_1	20		40	
$\beta_2\beta_1$	0.2	0.4	0.2	0.4
0.15	(0.9;0.1;77;110;8,553;0.2)	(1;0;94;117;9,262;0.06)	(0.5;0.2;66;117;8,254;0.28)	(0.7;0.2;83;117;8,658;0.28)
0.3	(0.9;0.2;77;117;8,719;0.09)	(1;0.2;94;124;9,329;2)	(0.4;0.3;72;117;8,464;0.94)	(0.6;0.2;83;117;8,819;0.5)

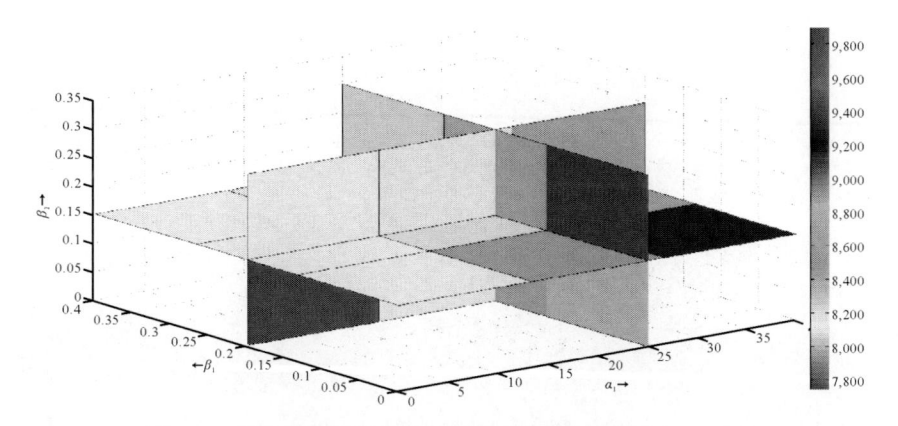

圖 4-6　綠色技術投入情形下製造企業期望利潤（$\alpha_2 = 50$）

表 4-9　　　綠色技術投入情形下主要參數變化情況（$\beta_1 = 0.4$）

β_2	0.15		0.3	
$\alpha_2\alpha_1$	20	40	20	40
15	(0.8;0.5;88;124;8,955;0.12)	(0.5;0.6;77;124;8,617;0.22)	(0.6;0.5;88;124;9,202;2.39)	(0.4;0.7;88;124;9,014;2.80)
30	(0.8;0.1;77;124;8,826;0.14)	(0.4;0.2;77;110;8,560;0.31)	(0.7;0.4;88;124;9,022;2.18)	(0.4;0.4;77;124;8,793;0.86)

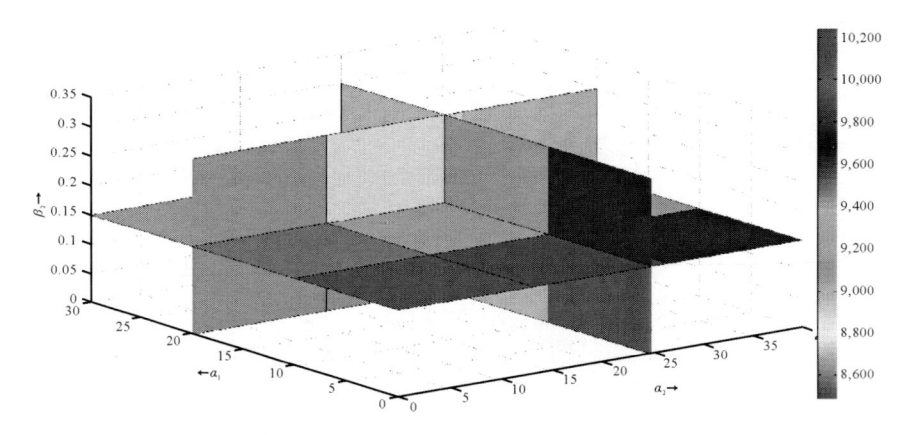

圖 4-7　綠色技術投入情形下製造企業期望利潤 ($\beta_1 = 0.4$)

表 4-10　綠色技術投入情形下主要參數變化情況 ($\beta_2 = 0.3$)

β_1	0.2		0.4	
$\alpha_2 \alpha_1$	20	40	20	40
15	(0.5;0.8;88;124;8,935;1.25)	(0.1;0.7;77;124;8,866;1.26)	(0.6;0.5;88;124;9,202;2.39)	(0.4;0.7;88;124;9,014;2.8)
30	(04;0.3;77;110;8,600;0.78)	(0.2;0.4;77;110;8,546;1)	(0.7;0.4;88;124;9,022;2.18)	(0.4;0.4;77;124;8,793;0.86)

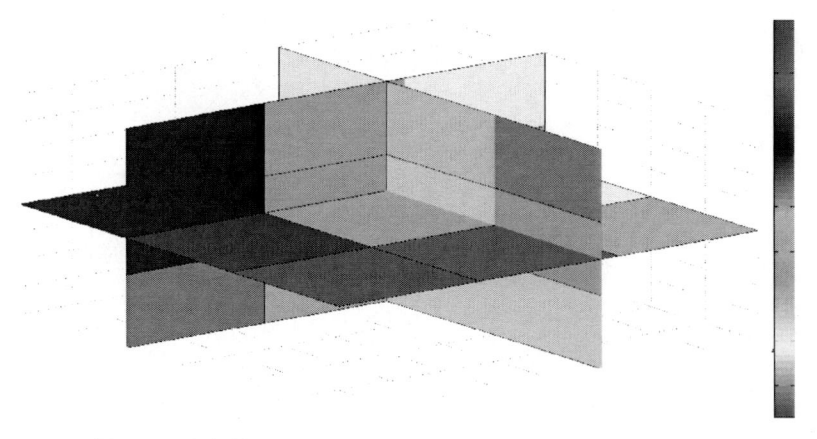

圖 4-8　綠色技術投入情形下製造企業期望利潤 ($\beta_2 = 0.3$)

4.4.5　碳排放權交易與綠色技術投入聯合決策情形

碳限額約束下，製造企業進行情形三的決策，即實施碳排放權交易和綠色技術投入的組合決策。

（1）製造企業僅對產品 2 進行綠色技術投入，設 $\alpha_2 \in [0, 40]$，$\beta_2 \in$

$[0, 0.25]$，$w \in [0, 50]$，研究當 α_2、β_2 和 w 在相應區間變化對製造企業最優綠色技術投入水平、最優生產量、期望利潤，以及碳排放權交易量的影響變化情況見表 4-11 和圖 4-9 至圖 4-12。

其中 $(\cdot) = (T_{2c}^*; Q_{1c}^*; Q_{2c}^*; \sum_{i=1}^{2}\pi_c^*; W_c)$，相應函數及參數如下：

$c(T_2) = c_2 + \dfrac{1}{2}\alpha_2 T_2^2$；$c_2 = 40$；$\alpha_2 \in [0, 40]$；

$k(T_2) = k_2 - \beta_2 T_2$；$\beta_2 \in [0, 0.3]$；

$w \in [0, 50]$。

通過圖表分析可以看到：

①在碳限額約束情形下，製造企業進行綠色技術投入和碳排放權交易組合決有助於優化製造企業生產決策。可以看到，製造企業進行綠色技術投入和碳排放權交易組合決情形下的期望利潤 π^c，大部分處於碳限額約束情形下的期望利潤 π^K 之上。

②當 w 確定，即單位碳排放價格一定，隨著 α_2 的增加，即綠色技術投入導致的單位產品成本增加，企業的利潤會持續下降。隨著 β_2 增加，即綠色技術降低單位碳排放的效果越好，企業利潤增加得越多。

③當 α_2 確定，即綠色技術投入導致的單位產品成本一定，隨著 w 的增加，即單位碳排放價格增加，企業的利潤會減少。隨著 β_2 的增加，即綠色技術降低單位碳排放的效果越好，企業的利潤會持續增加。

④當 β_2 確定，即綠色技術降低單位碳排放的水平一定，隨著 α_2 的增加，即綠色技術投入導致的單位產品成本增加，企業的利潤會持續下降。隨著 w 的增加，即單位碳排放價格增加，企業的利潤會減少。

表 4-11　碳排放權交易與綠色技術投入組合情形下（僅對產品 2）
主要參數變化情況

w	25		50	
$\alpha_2\beta_2$	0.15	0.3	0.15	0.3
20	(0.2;94;118;8,842;35)	(0.4;94;118;8,966;25)	(0.4;63;118;8,281;0.39)	(0.6;79;118;8,736;1.91)
40	(0.1;94;118;8,821;37)	(0.2;94;118;8,883;32)	(0.2;63;118;8,199;3.94)	(0.4;79;118;8,428;9)

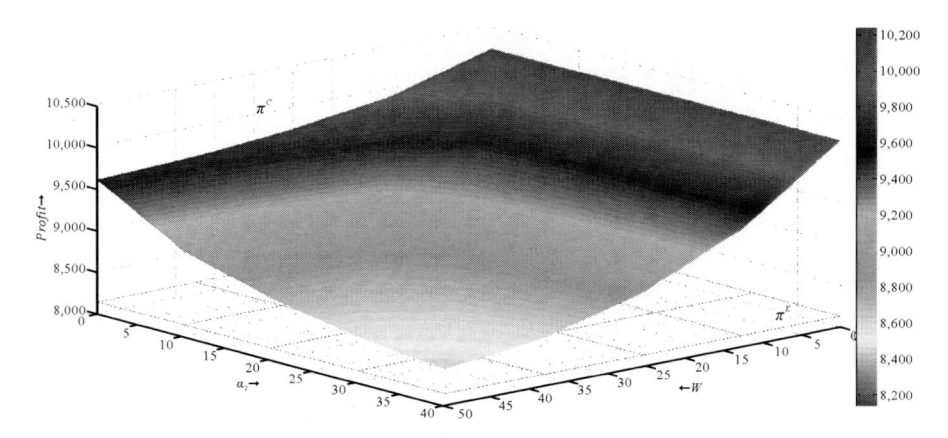

圖 4-9　碳排放權交易與綠色技術投入組合情形下（僅對產品 2）主要參數變化情況

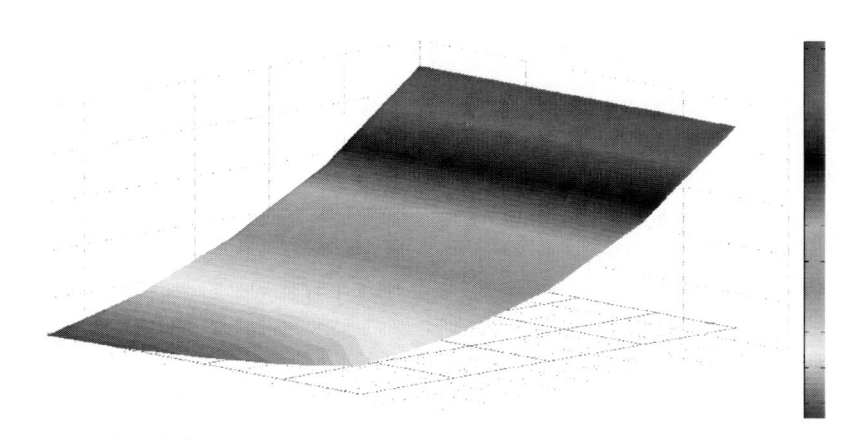

圖 4-10　碳排放權交易與綠色技術投入組合情形下（僅對產品 2）主要參數變化情況

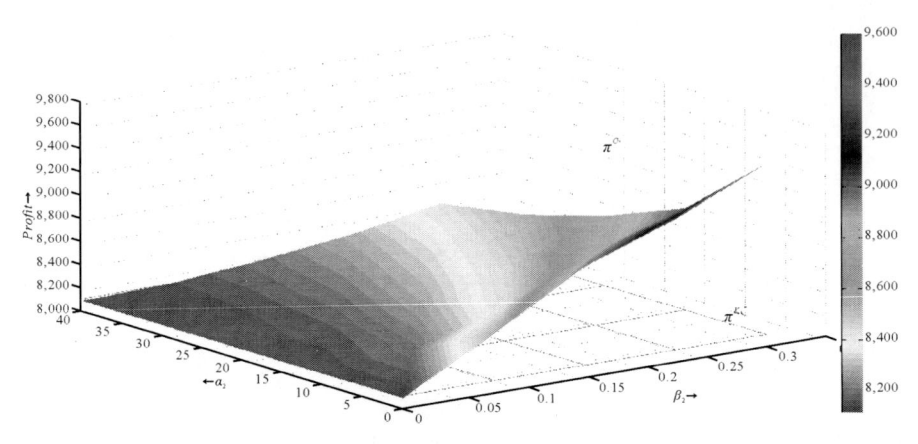

圖 4-11　碳排放權交易與綠色技術投入組合情形下（僅對產品 2）主要參數變化情況

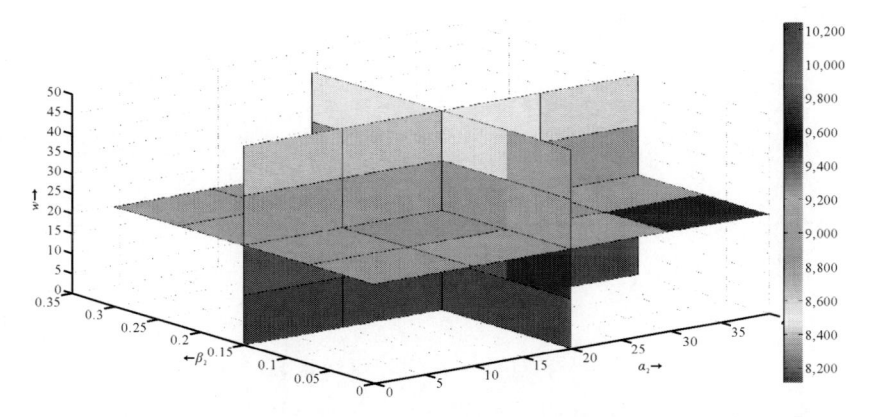

圖 4-12 碳排放權交易與綠色技術投入組合情形下（僅對產品 2）主要參數變化情況

（2）製造企業對產品 1 和產品 2 均進行綠色技術投入，設 $\alpha_1 = 40$，$\alpha = 30$，$\beta_1 \in [0, 0.4]$，$\beta_2 \in [0, 0.3]$，$w \in [0, 50]$。研究當 β_1、β_2、w 在相應區間變化對製造企業最優綠色技術投入水平、最優生產量、期望利潤，以及碳排放權交易量的影響變化情況見表 4-12 和圖 4-13。其中 $(\cdot) = (T_{1c}^*; T_{2c}^*; Q_{1c}^*; Q_{2c}^*; \sum_{i=1}^{2} \pi_c^*; W_c)$，相應函數及參數如下：

$$c(T_1) = c_1 + \frac{1}{2}\alpha_1 T_1^2; \quad c_1 = 40; \quad \alpha_1 = 40; \quad c(T_2) = c_2 + \frac{1}{2}\alpha_2 T_2^2; \quad c_2 = 40; \quad \alpha_2 = 30;$$

$$k(T_1) = k_1 - \beta_1 T_1; \quad \beta_1 \in [0, 0.4]; \quad k(T_2^*) = k_2 - \beta_2 T_2; \quad \beta_2 \in [0, 0.3];$$
$w \in [0, 50]$。

通過數值分析可以看到：

（1）當 w 確定，即單位碳排放價格一定，隨著 β_1 和 β_2 的增加，即綠色技術降低單位碳排放水平的效果越好，企業綠色技術的投入水平會增加，企業的利潤會持續增加。此種情況說明綠色技術降低單位碳排放的水平越好，企業越願意通過自身綠色技術投入變相獲得額外的碳排放權以維持生產。

（2）當 β_1 和 β_2 確定，即綠色技術降低單位碳排放的水平一定，隨著 w 的增加，即單位碳排放價格增加，企業綠色技術的投入水平會增加，企業的碳排放交易量和企業的利潤會減少。此種情況說明，在綠色技術降低單位碳排放水平的效果一定的情況下，當單位碳排放權價格過高，企業更願意進行綠色技術投入。

表 4-12　碳排放權交易與綠色技術投入組合情形下主要參數變化情況

w	25		50	
$\beta_1 \beta_2$	0.15	0.3	0.15	0.3
0.2	(0.1,0.1,94,118,8,855,35)	(0.1,0.28,94,118,8,938,27)	(0.28,0.28,79,118,8,303,13)	(0.28,0.46,79,118,8,634,2)
0.4	(0.28,0.1,94,118,8,943,27)	(0.28,0.28,94,118,9,026,18)	(0.46,0.28,79,118,8,596,4)	(0.28,0.37,79,118,8,827,1)

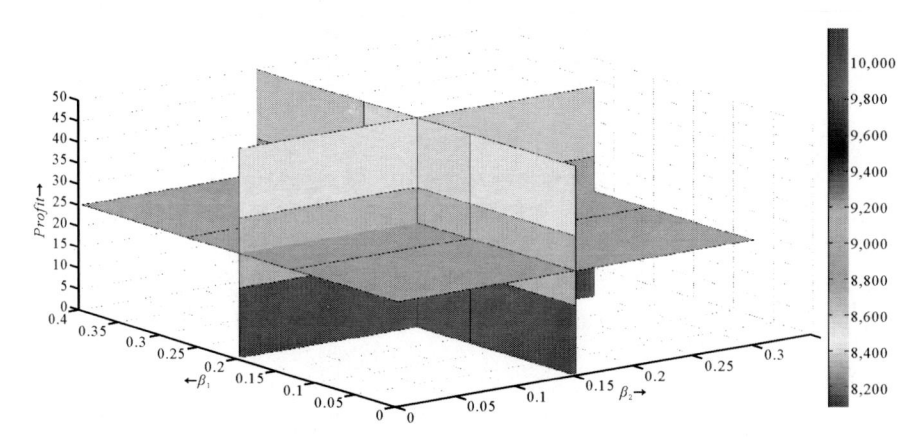

圖 4-13　碳排放權交易與綠色技術投入組合情形下主要參數變化情況

4.5　小結

本章研究了自由市場中兩產品製造企業在碳限額與交易政策約束下的生產決策問題。主要結論如下：

（1）政府規定了碳限額，當兩產品製造企業最優生產所產生的二氧化碳（CO_2）排放量低於政府規定的碳限額時，企業的生產決策不受政府規定碳限額的影響，其最優生產量為 $Q_{iK}^* = F^{-1}\left(\dfrac{p_i + r_i - c_i}{p_i + r_i - v_i}\right)$；$i = 1, 2$，最優生產決策退化為無碳限額約束情形下的最優生產決策。當兩產品製造企業最優生產所產生的二氧化碳（CO_2）排放量高於政府規定的碳限額時，企業的生產決策受到政府規定碳限額的影響，其最優生產量為 Q_{iK}^*；$i = 1, 2$。

（2）兩產品製造企業進行情形一的決策，即只考慮進行碳排放權交易決策。存在一個使得企業期望利潤最大化的生產量 $Q_{ie}^* = F^{-1}\left(\dfrac{p_i + r_i - c_i - wk_i}{p_i + r_i - v_i}\right)$；

$i = 1, 2$,且滿足 $\theta_1(Q_{1e}^*) = \theta_2(Q_{2e}^*) = w$,碳排放權交易量 $W_e^* = \sum_{i=1}^{2} k_i Q_{ie}^* - K$。當 $\theta_1(Q_{1e}^*) = \theta_2(Q_{2e}^*) > w$ 時,製造企業將從外部碳交易市場購買碳排放權來生產更多的產品以獲得更多的利潤。當 $\theta_1(Q_{1e}^*) = \theta_2(Q_{2e}^*) < w$ 時,製造企業將在外部碳交易市場上出售碳排放權。在此情形下,製造企業產品 i; $i = 1, 2$ 的最優生產量均低於無碳限額約束下產品 i; $i = 1, 2$ 的最優生產量,與碳限額約束下產品 i; $i = 1, 2$ 的最優生產量間的大小關係主要取決於在碳限額約束下單位碳排放權產生的期望利潤增加的大小。同時,企業的期望利潤總是高於碳限額約束下的期望利潤,是否高於無碳限額時的期望利潤主要取決於政府的初始碳配額量。只有在政府給予較寬鬆的初始碳配額時,在進行碳排放權交易時,製造企業的期望利潤才會高於無碳限額下的期望利潤。

(3) 製造企業進行情形二的決策,即只考慮進行綠色技術投入決策。當企業最優生產所產生的二氧化碳(CO_2)排放量低於政府規定的碳限額時,此時製造企業不會進行綠色技術投入,企業的最優生產決策為無碳限額約束時的最優生產決策。反之,當製造企業最優生產所產生的二氧化碳(CO_2)排放量高於政府規定的碳限額時,製造企業的生產決策受到政府規定碳限額的影響,製造企業會進行綠色技術投入,最優綠色技術投入水平為 $T_{1t}^* \in (0, 1)$;$T_{2t}^* \in (0, 1)$,最優生產組合為 Q_{it}^*;$i = 1, 2$。在此情形下,製造企業進行綠色技術投入決策後的最優生產量不低於碳限額約束時的最優生產量,並且適當的綠色技術投入能夠增加生產企業期望利潤。

(4) 製造企業進行情形三的決策,即製造企業實施碳排放權交易和綠色技術投入的組合決策,存在一個使得製造企業期望利潤最大化的生產量 Q_{ic}^*;$i = 1, 2$,綠色技術投入水平 T_{ic}^*;$i = 1, 2$,且滿足 $\theta_1(Q_{1c}^*) = \theta_2(Q_{2c}^*) = w$,$\theta_1(T_{1c}^*) = \theta_2(T_{2c}^*) = w$,碳排放權交易量 $W_c^* = \sum_{i=1}^{2} k_i(T_i) Q_i - K$。在此情形下,製造企業產品 1 和產品 2 的最優生產量均不高於無碳限額約束時的最優生產量,與碳限額約束時的最優生產量的關係取決於單位碳排放權增加產生的利潤的大小。同時,企業最大期望利潤不小於有碳限額約束時的期望利潤,是否高於無碳限額約束下的期望主要取決於政府初始碳配額的大小。

5 考慮碳限額與交易政策的製造企業單產品生產與定價決策

在前兩章，本書主要研究了在一個自由市場中，考慮一個面臨隨機需求的製造企業的生產決策。這種市場中的製造企業通常為中小型製造企業，其所處的行業一般不是高碳排放行業，企業的主要決策為產品產量的決策。而在現實中，如鋼鐵、電力、大型製造等企業均屬於高排碳行業，同時企業通常具有市場壟斷地位。在這樣的市場情形下，企業可以通過壟斷地位決定產品的定價，進而決定產品的產量。因此，本章節及后續章節將研究在這一類市場中的製造企業在碳限額與交易政策約束下的生產與定價決策問題。

5.1 問題描述與假設

在一個壟斷市場中，考慮一個生產單一產品的製造企業，其面對的市場需求包含兩部分，一部分是與價格相關的均值需求，另一部分是與價格無關的隨機需求。銷售期結束時，剩餘庫存會按照殘值進行處理。同時，製造企業也會面臨缺貨損失。在碳限額與交易政策約束下，政府規定一個最大的碳排放量，即碳限額 $K(K>0)$。

為了表述方便，模型中符號的含義如表 5-1 所示。

表 5-1　　　　　　　　　　模型中符號的含義

參數	參數含義
Q	產品產量
r	每單位產品的缺貨機會成本

表5-1(續)

參數	參數含義
v	每單位產品在銷售期末的殘值
K	政府規定的最大碳排放量
W	外部碳交易市場的交易量
w	每單位碳排放權價格
p	每單位產品的價格水平
T	製造企業綠色技術投入水平
c	未進行綠色技術投入時，每單位產品的生產成本
$c(T)$	進行綠色技術投入後，每單位產品的生產成本
k	每單位產品的碳排放量
$k(T)$	進行綠色技術投入後，每單位產品的碳排放量

上述參數必須滿足某些條件，才能使建立的模型有實際意義，所以假設：

（1）$p \geqslant c > v > 0$，一方面，這個條件說明每個在消費者市場上出售的產品都將會為製造企業帶來利潤的增長。另一方面，若有一個產品未售出，那麼製造企業將會受到利潤上的損失。

（2）該模型的需求函數可以用一個加法形式建立，特別地，需求可以被定義為 $D(p, \varepsilon) = y(p) + \varepsilon$，（Mills, 1959），$y(p) = a - bp(a > 0, b > 0)$，其中 D 為市場需求，$y(p)$ 是描述需求是價格的減函數，a 表示市場潛在需求，b 表示價格對需求的敏感係數，ε 為需求的偏差。

（3）假設製造企業必須維持正常生產且是理性的，會權衡碳排放權交易和進行綠色技術投入所帶的來的收益與成本。

（4）我們考慮製造企業可以通過其綠色技術投入來減少碳排放量。綠色技術投入成本 $c(T)$ 是連續可微的，隨綠色技術投入水平 T 的上升而加速上升，T 的取值範圍為 0 到 1，如圖 3-1 所示，$c'(T) > 0$，$c''(T) > 0$，$c(0) = c$。$k(T)$ 為企業進行綠色技術投入時單位產品的碳排放量，$k'(T) < 0$，$k''(T) \geqslant 0$，且 $k(0) = k$。

（5）在製造企業進行綠色技術投入時，令 $Q = y(p, T) + z$，$D = y(p, T) + \varepsilon$，$y(p, T) = a - bp + \delta T$，$\varepsilon$ 為需求的偏差，為 $[0, A]$ 上的隨機變量，其累積分佈函數為 $F(\cdot)$，δ 表示綠色技術投入對需求的影響係數。

（6）製造企業在生產活動中的碳排放量為 $k(a - bp + z)$，而相應的製造企

業的期望利潤增量為 $\triangle \pi(p, z) = (\pi(p, z))_p'$，故定義單位碳排放權帶來的製造企業的期望利潤增加為 $\theta(p) = -\dfrac{1}{bk(T)}\dfrac{d\pi(p, z)}{dp}$，負號表示單位碳排放權所帶來的企業的期望利潤增長與單位價格的提高呈負相關。且當 $T = 0$ 時，$\theta(p)$ 退化為 $\theta(p) = -\dfrac{1}{bk}\dfrac{d\pi(p, z)}{dp}$。

5.2 基礎模型

在無碳限額約束的情況下，在生產期開始時，產品的生產量為 Q，生產成本為 cQ，剩餘產品以單位成本 v 處理，單位懲罰成本為 r。那麼製造企業在此情形下的期望利潤函數為：

$$\pi^n(p, Q) = pE\min(Q, D) + vE(Q - D)^+ - rE(D - Q)^+ - cQ \quad (5.1)$$

上述式子可表示為：

$$\pi^n(p, Q) = p(Q - (Q - D)^+) + v(Q - D)^+ - r(\mu - Q + (Q - D)^+) - cQ$$

上述式子可化簡為：

$$\pi^n(p, Q) = (p + r - c)Q - (p + r - v)(Q - D)^+ - r\mu$$

因為 $Q = y(p) + z$，$D = y(p) + \varepsilon$，$y(p) = a - bp$，ε 為 $[0, A]$ 上的隨機變量，其累積分佈函數為 $F(\cdot)$。則：

$$Q - D = z - \varepsilon, \quad (Q - D)^+ = \int_0^z F(x)dx。$$

所以 $\pi(p, Q)$ 可以轉化為：

$$\pi^n(p, z) = (p + r - c)(y(p) + z) - (p + r - v)\int_0^z F(x)dx - r\mu$$

製造企業在此情況下的決策目標在於最大化期望利潤。

$\pi^n(p, z)$ 關於 p 的一階偏導為：

$$\dfrac{\partial \pi^n(p, z)}{\partial p} = y(p) + z - b(p + r - c) - \int_0^z F(x)dx$$

$\pi^n(p, z)$ 關於 p 的二階偏導為：

$$\dfrac{\partial^2 \pi^n(p, z)}{\partial p^2} = -2b < 0$$

所以 $\pi^n(p, z)$ 是關於 p 的凸函數，則根據其一階最優條件可得存在唯一最優銷售價格 p^*，其滿足：

$$\frac{\partial \pi^n(p^*, z)}{\partial p} = 0 \text{ 或者 } p^*(z) = \frac{a - b(r-c) + z - \int_0^z F(x)dx}{2b}$$

將 $p^*(z)$ 代入 $\pi^n(p, z)$ 中得：

$\pi^n(p^*(z), z) =$

$(p^*(z) + r - c)(y(p^*(z)) + z) - (p^*(z) + r - v)\int_0^z F(x)dx - r\mu$

$$\frac{\partial \pi^n(p^*(z), z)}{\partial z} =$$

$\left(a + z - 2bp^*(z) - b(r-c) - \int_0^z F(x)dx\right)\frac{\partial p^*(z)}{\partial z} + (p_e^*(z) + r - c) -$

$(p_e^*(z) + r - v)F(z)$

$$\frac{\partial^2 \pi^n(p^*(z), z)}{\partial z^2} =$$

$\left(a + z - 2bp_e^*(z) - b(r-c) - \int_0^z F(x)dx\right)\frac{\partial^2 p_e^*(z)}{\partial z^2} +$

$\left(2 - 2b\frac{\partial p_e^*(z)}{\partial z} - 2F(z)\right)\frac{\partial p_e^*(z)}{\partial z} - (p_e^*(z) + r - v)f(z)$

又因為 $\dfrac{\partial p^*(z)}{\partial z} = \dfrac{1}{2b}(1 - F(z))$； $\dfrac{\partial^2 p^*(z)}{\partial z^2} = -\dfrac{1}{2b}f(z)$

所以，

$$\frac{\partial \pi^n(p^*(z), z)}{\partial z}$$

$= \left(a + z - 2bp_e^*(z) - b(r-c) - \int_0^z F(x)dx\right)\dfrac{1}{2b}(1 - F(z))$

$\quad + (p_e^*(z) + r - c) - (p_e^*(z) + r - v)F(z)$

$= (p_e^*(z) + r - c) - (p_e^*(z) + r - v)F(z)$

$$\frac{\partial^2 \pi^n(p^*(z), z)}{\partial z^2}$$

$= \left(a + z - 2bp_e^*(z) - b(r-c) - \int_0^z F(x)dx\right)\left(-\dfrac{f(z)}{2b}\right)$

$\quad + (1 - F(z))\dfrac{1 - F(z)}{2b} - (p_e^*(z) + r - v)\left(-\dfrac{f(z)}{2b}\right)$

$= \dfrac{1}{2b}((1 - F(z))^2 + (p_e^*(z) + r - v)f(z))$

假設存在 z^* 使得 $\dfrac{\partial \pi^n(p^*(z^*),\ z^*)}{\partial z} = 0$，則：$\dfrac{\partial^2 \pi^n(p^*(z^*),\ z_n^*)}{\partial z^2} > 0$。

所以 z^* 是最小期望庫存量。此時，製造企業的最優生產量為：$Q^* = y(p^*) + z^*$。

當政府規定了一個最大的碳排放量，即碳限額 $K(K > 0)$ 時，製造企業在進行生產活動時產生的碳排放量不能超過政府規定的這一強制限額。

製造企業在此情形下的期望利潤函數為：

$$\begin{cases} \pi^K(p,\ z) = (p + r - c)(y(p) + z) - (p + r - v)\int_0^z F(x)dx - r\mu \\ s.\ t.\quad k(y(p) + z) \leq K \end{cases} \quad (5.2)$$

製造企業在此情況下的決策目標在於最大化期望利潤。

命題 5.1：當政府制定了碳限額 $K(K > 0)$ 時，使製造企業期望利潤最大化的最優銷售價格和最優生產量存在且唯一，最優銷售價格為 $p_K^* =$

$\begin{cases} p^* & K \geq kQ^* \\ \dfrac{1}{b}\left(a - z_K^* - \dfrac{K}{k}\right) & K < kQ^* \end{cases}$，最優生產量為 $Q_K^* = \begin{cases} Q^* & K \geq kQ^* \\ \dfrac{K}{k} & K < kQ^* \end{cases}$。

證明：

給定 z，式 5.2 中問題可以轉化為：

$$\begin{cases} \min\limits_p \Pi^K(p) = -\pi^K(p) \\ g_1(p) = y(p) + z \geq 0 \\ g_2(p) = \dfrac{K}{k} - y(p) - z \geq 0 \end{cases}$$

其目標函數和約束函數的梯度分別為：

$\nabla \Pi^K(p) = -\left(y(p) + z - b(p + r - c) - \int_0^z F(x)dx\right)$

$\nabla g_1(p) = -b$

$\nabla g_2(p) = b$

對約束條件分別引入廣義拉格朗日乘子 γ_1^*，γ_2^*，設 p_K^* 為 $K - T$ 點，則該問題的 $K - T$ 條件為：

$$\begin{cases} -\left(y(p_K^*) + z - b(p_K^* + r - c) - \int_0^z F(x)dx\right) + b\gamma_1^* - b\gamma_2^* = 0 \\ \gamma_1^* \left(y(p_K^*) + z\right) = 0 \\ \gamma_2^* \left(\dfrac{K}{k} - y(p_K^*) - z\right) = 0 \\ \gamma_1^*, \gamma_2^* \geq 0 \end{cases}$$

該方程組分以下情況討論:

(情況 5.1) $\gamma_1^* \neq 0, \gamma_2^* \neq 0$。無解。

(情況 5.2) $\gamma_1^* \neq 0, \gamma_2^* = 0$。解得: $y(p_K^*) + z = 0$, $\gamma_1^* = -(p_K^* + r - c) - \dfrac{1}{b}\int_0^z F(x)dx < 0$, 不是 $K-T$ 點。

(情況 5.3) $\gamma_1^* = 0, \gamma_2^* \neq 0$。解得: $\dfrac{K}{k} - (y(p_{K1}) + z) = 0$, $\gamma_2^* = \dfrac{1}{b}\left(y(c) + br + \int_0^z F(x)dx - 2\dfrac{K}{k}\right)$。

(情況 5.4) $\gamma_1^* = 0, \gamma_2^* = 0$。解得: $y(p_{K2}^*) + z - b(p_{K2}^* + r - c) - \int_0^z F(x)dx = 0$。

當情況 5.3 中的 $\gamma_2^* > 0$ 時, p_{K1}^* 為 $K-T$ 點, 此時製造企業的最優生產量 $Q_{K1}^* = \dfrac{K}{k}$, 最優期望庫存因子為 $z_{K1}^* = \dfrac{K}{k} - y(p_{K1}^*)$。

將 p_{K1}^* 代入 $\pi^K(p, z)$, 製造企業的最優庫存量決策模型為:

$$\begin{cases} \pi^K(p_{K1}^*, z) = (p_{K1}^* + r - c)\left(\dfrac{K}{k}\right) - (p_{K1}^* + r - v)\int_0^z F(x)dx - r\mu \\ s.\ t. \quad y(p_{K1}^*) + z = \dfrac{K}{k} \end{cases}$$

製造企業在此情況下的決策目標在於最大化期望利潤。

構造拉格朗日函數:

$$L(p_{K1}^*, z, \lambda) = -\left((p_{K1}^* + r - c)\left(\dfrac{K}{k}\right) - (p_{K1}^* + r - v)\int_0^z F(x)dx - r\mu\right) + \lambda\left(y(p_{K1}^*) + z - \dfrac{K}{k}\right)$$

則求解 $\max\limits_{p,\ z}\pi^K(p_{K1}^*, z)$ 的最優值與求解 $-\min L(p_{K1}^*, z, \lambda)$ 的最優值是等價的。令:

$$\frac{\partial L(p_{K1}^*, z, \lambda)}{\partial z} = -\left(\frac{\partial p_{K1}^*}{\partial z}\frac{K}{k} - \frac{\partial p_{K1}^*}{\partial z}\int_0^z F(x)\,dx - (p_{K1}^* + r - v)F(z)\right) +$$

$$\lambda\left(\frac{\partial y(p_{K1}^*)}{\partial p_{K1}^*}\frac{\partial p_{K1}^*}{\partial z} + 1\right) = 0$$

$$\frac{\partial L(p_{K1}^*, z, \lambda)}{\partial \lambda} = y(p_{K1}^*) + z - \frac{K}{k} = 0$$

則存在最優 z_{K1}^* 滿足：

$$\frac{1}{b}\left(\frac{K}{k} - \int_0^{z_{K1}^*} F(x)\,dx - \left(a + z_{K1}^* - \frac{K}{k}\right)F(z_{K1}^*)\right) - (r - v)F(z_{K1}^*) = 0$$

則：

$$p_{K1}^* = \frac{1}{b}\left(a - z_{K1}^* - \frac{K}{k}\right)$$

由情況5.4可知，製造企業的最優決策等價於無碳限額約束的最優決策。

綜上所述，當政府規定了最大的碳排放量，即碳限額$K(K>0)$時，存在一個使得製造企業期望利潤最大化的銷售價格p_{K1}^*和生產量Q_K^*：

$$Q_K^* = \begin{cases} Q^* & K \geq kQ^* \\ \dfrac{K}{k} & K < kQ^* \end{cases}, \quad p_K^* = \begin{cases} p^* & K \geq kQ^* \\ \dfrac{1}{b}\left(a - z_K^* - \dfrac{K}{k}\right) & K < kQ^* \end{cases}$$

得證。

命題5.1表明，由於政府規定的碳限額存在，製造企業的生產與定價決策會受到碳限額的影響，當$K \geq kQ_K^*$時，即政府規定的初始碳限額指標過高，高於製造企業在無碳限額情形下最優生產產生的二氧化碳（CO_2）排放量，企業的最優生產與定價決策退化為無碳限額約束時的最優生產與定價決策，此時，有碳排放權剩餘。當$K < kQ_K^*$時，製造企業的生產與定價決策受到政府規定碳限額的約束，此時，無碳排放權剩餘。

為了討論碳限額對製造企業生產與定價決策的影響，有如下推論：

推論5.1：在碳限額約束下，製造企業的最優銷售價格$p_K^* \geq p^*$。

證明：

構造拉格朗日因子$\varphi \geq 0$，由式5.1約束條件可得：

$$\begin{cases} k(a - bp + z) - K \leq 0 \\ \varphi(k(a - bp + z) - K) = 0 \\ a - 2bp + z - b(r - c) - \int_0^z F(x)\,dx - \varphi kb = 0 \end{cases}$$

當$\varphi = 0$時，$k(a - bp + z) \leq K$，可得：

$$\frac{\partial \pi^n(p,z)}{\partial p} = 0, \quad 因此，可以得到：p_K^* = p^*。$$

當 $\varphi \geq 0$ 時，$k(a - bp + z) = K$，可得：

$$\frac{\partial \pi^n(p,z)}{\partial p} = a - 2bp + z - b(r - c) - \int_0^z F(x)dx = \varphi kb > 0, \quad 因此：p_K^* > p^*。$$

綜上所述，在碳限額約束下，製造企業的最優銷售價格 $p_K^* \geq p^*$。

得證。

推論 5.1 表明在碳限額約束下，製造企業的最優銷售價格不低於無碳限額約束下的最優銷售價格。

為了討論碳限額對製造企業期望利潤的影響，有如下推論：

推論 5.2：在碳限額約束下，製造企業的期望利潤：

$$\pi^K(p_K^*, z_K^*) = \begin{cases} \pi^n(p^*, z^*) & K \geq k(a - bp^* + z^*) \\ \pi^n(p_K^*, z_K^*) & K < k(a - bp^* + z^*) \end{cases}, \quad 且 \ \pi^K(p_K^*, z_K^*) \leq \pi^n(p^*, z^*)。$$

證明：

由命題 5.1 和推論 5.1 可得：

當 $k(a - bp^* + z^*) \leq K$ 時，$p_K^* = p^*$，可以得到 $\pi^K(p_K^*, z_K^*) = \pi^n(p^*, z^*)$。

當 $k(a - bp^* + z^*) > K$ 時，$p_K^* > p^*$，可以得到 $\pi^K(p_K^*, z_K^*) < \pi^n(p^*, z^*)$。

綜上可得，製造企業在碳限額約束下的期望利潤 $\pi^K(p_K^*, z_K^*) \leq \pi^n(p^*, z^*)$。

得證。

推論 5.2 表明，在碳限額約束下，製造企業的期望利潤不高於在無碳限額約束下的期望利潤。

5.3 拓展模型

本部分依然將分三種情形討論在碳限額約束下，製造企業的生產與定價決策。

5.3.1 情形一：進行碳排放權交易決策

情形一是在碳限額約束下，製造企業將只進行碳排放交易的決策。其中 W 為外部碳交易市場上的碳排放權交易量，w 為單位碳排放權的價格。

製造企業在此情形下的期望利潤函數為：

$$\begin{cases} \pi^e(p, z) = \\ (p + r - c)(y(p) + z) - (p + r - v)\int_0^z F(x)dx - r\mu - wW \\ s.\ t. \quad k(y(p) + z) = K + W \end{cases} \quad (5.3)$$

製造企業在此情況下的決策目標在於最大化期望利潤。

$k(y(p) + z) = K + W$ 意味著製造企業的總碳排放量必須等於政府的初始碳排放配額與外部碳交易市場碳排放交易數量之和。其中：

當 $W > 0$ 時，意味著製造企業將從外部碳交易市場購買碳排放配額；

當 $W = 0$ 時，意味著製造企業將不會在外部碳交易市場上進行碳排放權交易；

當 $W < 0$ 時，意味著製造企業將在外部碳交易市場上售出使用不完的配額。

通過對製造企業在此情形下的最優生產與定價決策進行討論，得到了以下命題：

命題 5.2：製造企業進行碳排放交易的決策，使製造企業期望利潤最大化的最優銷售價格和最優生產量存在且唯一，最優銷售價格為：

$$p_e^*(z^*) = \frac{a - b(r - c) + z^* - \int_0^z F(x)dx + bkw}{2b}, \quad 且滿足條件 \theta(p_e^*) = w,$$

最優生產量為 $Q_e^* = y(p_e^*) + z_e^*$，碳排放權交易量 $W_e^* = kQ_e^* - K$。

證明：

由式 5.3 可知，$W = k(y(p) + z) - K$，因此期望利潤函數變為：

$$\pi^e(p, z) = (p + r - c)(y(p) + z) - (p + r - v)\int_0^z F(x)dx - r\mu - w(k(y(p) + z) - K)$$

$\pi^e(p, z)$ 關於 p 的一階偏導為：

$$\frac{\partial \pi^e(p, z)}{\partial p} = y(p) + z - b(p + r - c) - \int_0^z F(x)dx + bkw$$

$\pi^e(p, z)$ 關於 p 的二階偏導為：

$$\frac{\partial^2 \pi^e(p, z)}{\partial p^2} = -2b < 0$$

所以 $\pi^e(p, z)$ 是關於 p 的凸函數，則根據其一階最優條件可得存在唯一最優銷售價格 p_e^*，其滿足：

$$\frac{\partial \pi^e(p_e^*, z)}{\partial p} = 0 \text{ 或者 } p_e^*(z) = \frac{a - b(r - c) + z - \int_0^z F(x)dx + bkw}{2b}$$

將 $p_e^*(z)$ 代入 $\pi^e(p, z)$ 中得：

$\pi^e(p_e^*(z), z) =$

$(p_e^*(z) + r - c)(y(p_e^*(z)) + z) - (p_e^*(z) + r - v)\int_0^z F(x)dx - r\mu -$

$w(k(y(p_e^*(z)) + z) - K)$

$\dfrac{\partial \pi^e(p_e^*(z), z)}{\partial z} =$

$\left(a + z - 2bp_e^*(z) - b(r - c) - \int_0^z F(x)dx\right)\dfrac{\partial p_e^*(z)}{\partial z} + (p_e^*(z) + r - c) -$

$(p_e^*(z) + r - v)F(z) - wk\left(1 - b\dfrac{\partial p_e^*(z)}{\partial z}\right)$

$\dfrac{\partial^2 \pi^e(p_e^*(z), z)}{\partial z^2} =$

$\left(a + z - 2bp_e^*(z) - b(r - c) - \int_0^z F(x)dx\right)\dfrac{\partial^2 p_e^*(z)}{\partial z^2} +$

$2\left(1 - b\dfrac{\partial p_e^*(z)}{\partial z} - F(z)\right)\dfrac{\partial p_e^*(z)}{\partial z} - (p_e^*(z) + r - v)f(z) + wkb\dfrac{\partial^2 p_e^*(z)}{\partial z^2}$

又因為，

$\dfrac{\partial p_e^*(z)}{\partial z} = \dfrac{1}{2b}(1 - F(z))$; $\dfrac{\partial^2 p_e^*(z)}{\partial z^2} = -\dfrac{1}{2b}f(z)$

所以，

$\dfrac{\partial \pi^e(p_e^*(z), z)}{\partial z}$

$= \left(a + z - 2bp_e^*(z) - b(r - c) - \int_0^z F(x)dx\right)\dfrac{1}{2b}(1 - F(z)) + (p_e^*(z) + r - c)$

$\quad - (p_e^*(z) + r - v)F(z) - wk\left(1 - \dfrac{1 - F(z)}{2}\right)$

$= \left(p_e^*(z) + r - c - \dfrac{wk}{2}\right) - \left(p_e^*(z) + r - v - \dfrac{wk}{2}\right)F(z)$

$\dfrac{\partial^2 \pi^e(p_e^*(z), z)}{\partial z^2}$

$= \left(a + z - 2bp_e^*(z) - b(r - c) - \int_0^z F(x)dx + wkb\right)\left(-\dfrac{f(z)}{2b}\right)$

$$+ (1 - F(z))\frac{1 - F(z)}{2b} - (p_e^*(z) + r - v)\left(-\frac{f(z)}{2b}\right)$$

$$= \frac{1}{2b}((1 - F(z))^2 + (p_e^*(z) + r - v - wk)f(z))$$

假設存在 z_e^* 使得 $\frac{\partial \pi_e^*(p_e^*(z_e^*), z_e^*)}{\partial z} = 0$，則：

$$\frac{\partial^2 \pi_e^*(p_e^*(z_e^*), z_e^*)}{\partial z_e^2} =$$

$$\frac{1}{2b}((1 - F(z_e^*))^2 + (p_e^*(z_e^*) + r - v - wk)f(z_e^*)) > 0$$

所以 $\frac{\partial \pi_e^*(p_e^*(z_e^*), z_e^*)}{\partial z} = 0$ 成立，則 z_e^* 是在碳限額與交易政策下最小的期望庫存量。此時，製造企業的最優產量為：$Q_e^* = y(p_e^*) + z_e^*$。

綜上所述，製造企業最優銷售價格 $p_e^*(z^*) = \frac{a - b(r - c) + z^* - \int_0^{z^*} F(x)dx + bkw}{2b}$，最優生產量 $Q_e^* = y(p_e^*) + z_e^*$。

令 $\frac{\partial \pi^e(p, z)}{\partial p} = 0$，可得：

$\frac{\partial \pi^n(p, z)}{\partial p} = y(p) + z - b(p + r - c) - \int_A^z F(x)dx = -bkw$，那麼，由此可得：$\theta(p_e^*) = w$，碳排放權交易量為 $W_e^* = kQ_e^* - K$。

得證。

當 $\theta(p_e^*) > w$ 時，單位碳排放權所產生的利潤高於一單位的碳排放權價格，製造企業將從外部碳交易市場購買碳排放權來生產更多的產品以獲得更多的利潤。

當 $\theta(p_e^*) < w$ 時，單位碳排放權所產生的利潤低於一單位的碳排放權價格，製造企業將在外部碳交易市場上出售碳排放權。

當 $\theta(p_e^*) = w$ 時，單位碳排放權所產生的利潤等於一單位的碳排放權價格，製造企業將不會在外部碳交易市場上進行碳排放權交易。此時，在碳限額與交易政策下，製造企業存在一個最優的生產與定價決策，使得企業期望利潤最大。

推論 5.3：

（1）若 $\theta(p_K^*) = w$，那麼，$p_e^* = p_K^* > p^*$；

（2）若 $\theta(p_K^*) < w$，那麼，$p_e^* > p_K^* > p^*$；

（3）若 $\theta(p_K^*) > w$，那麼，$p_K^* > p_e^* \geqslant p^*$。

證明：

$\theta(p) = -\frac{1}{bk}\frac{d\pi^*(p, z)}{dp}$，$\theta(p)$ 對 p 求導得 $\frac{d\theta(p)}{dp} = \frac{2}{k} > 0$，由此可以看出 $\theta(p)$ 是關於 p 的增函數。

由前述分析可得，$\theta(p^*) = 0$，$\theta(p_e^*) = w$，因此，$p^* < p_e^*$。

（1）若 $\theta(p_K^*) = w$，$\theta(p_e^*) = \theta(p_K^*)$，因此得到 $p_e^* = p_K^* > p^*$。
（2）若 $\theta(p_K^*) < w$，$\theta(p_e^*) > \theta(p_K^*)$，因此得到 $p_e^* > p_K^* > p^*$。
（3）若 $\theta(p_K^*) > w$，$\theta(p_e^*) < \theta(p_K^*)$，因此得到 $p_K^* > p_e^* \geqslant p^*$。

得證。

當 $\theta(p_K^*) > w$ 時，意味著在碳限額情形下多獲取一單位碳排放權所帶來的利潤增加大於購買碳排放權的成本，製造企業將購買碳排放權來生產更多的產品。所以，碳限額與交易下的最優銷售價格低於碳限額約束下的最優銷售價格。

當 $\theta(p_K^*) < w$ 時，意味著在碳限額情形下多獲取一單位碳排放權所帶來的利潤增加小於購買碳排放權的成本，製造企業將在外部碳交易市場上出售碳排放權。所以，碳限額與交易下的最優銷售價格高於碳限額約束下的最優銷售價格。

當 $\theta(p_K^*) = w$ 時，意味著在碳限額情形下多獲取一單位碳排放權所帶來的利潤增加等於購買碳排放權的成本，因此，製造企業將不會進行碳排放權交易。所以，碳限額與交易下的最優銷售價格等於碳限額約束下的最優銷售價格。

推論 5.3 表明製造企業進行碳排放權交易，最優銷售價格不低於無碳限額約束下的銷售價格，是否高於碳限額約束下的最優銷售價格主要取決於產品在碳限額約束下單位碳排放權產生的期望利潤增加的大小。

為了討論碳限額與交易對製造企業期望利潤的影響，本章得到以下命題：

推論 5.4： 當 $K^* = k(y(p_e^*) + z_e^*) + \frac{1}{w}(\pi^n(p^*, z^*) - \pi^e(p_e^*, z_e^*))$ 時：

（1）若 $K > K^*$，那麼，$\pi^e(p_e^*, z_e^*) > \pi^n(p^*, z^*) \geqslant \pi^K(p_K^*, z_K^*)$；
（2）若 $K = K^*$，那麼，$\pi^e(p_e^*, z_e^*) = \pi^n(p^*, z^*) > \pi^K(p_K^*, z_K^*)$；
（3）若 $K < K^*$，那麼，$\pi^n(p^*, z^*) > \pi^e(p_e^*, z_e^*) \geqslant \pi^K(p_K^*, z_K^*)$。

證明：

由 $\pi^e(p_e^*, z_e^*)$ 的極大值特性，有 $\pi^e(p_e^*, z_e^*) > \pi^n(p^*, z^*) - w(k(y(p^*) + z^*) - K)$。

若 $K \geq k(y(p^*)+z^*)$ 時，在此情形下，$\pi^n(p^*, z^*) = \pi^K(p_K^*, z_K^*)$，所以，$\pi^e(p_e^*, z_e^*) - \pi^K(p_K^*, z_K^*) > -w(k(y(p^*)+z^*)-K) > 0$，因此，$\pi^e(p_e^*, z_e^*) > \pi^K(Q_K^*, z_K^*)$；若 $K < k(y(p^*)+z^*)$ 時，在此情形下，$K = k(y(p_K^*)+z_K^*)$，考慮 $\pi^e(p_e^*, z_e^*)$ 的極大值特性，有 $\pi^e(p_e^*, z_e^*) \geq \pi^n(p_K^*, z_K^*) - w(k(y(p_K^*)+z_K^*)-K)$，由前述分析可知 $\pi^K(p_K^*, z_K^*) = \pi^n(Q_K^*, z_K^*)$，由此可得 $\pi^e(p_e^*, z_e^*) - \pi^K(p_K^*, z_K^*) > -w(k(y(p^*)+z^*)-K) = 0$，所以，$\pi^e(p_e^*, z_e^*) = \pi^K(Q_K^*, z_K^*)$。綜合可得 $\pi^e(p_e^*, z_e^*) \geq \pi^K(Q_K^*, z_K^*)$。

若 $K \leq k(y(p_e^*)+z_e^*)$，因為 $\pi^e(p_e^*, z_e^*) = \pi^n(p_e^*, z_e^*) - w(k(y(p_e^*)+z_e^*)-K) < \pi^n(p_e^*, z_e^*) < \pi^n(p^*, z^*)$，所以，$\pi^e(p_e^*, z_e^*) < \pi^n(p^*, z^*)$；若 $K > k(y(p_e^*)+z_e^*)$，$\pi^e(p_e^*, z_e^*) > \pi^n(p^*, z^*) - w(k(y(p_e^*)+z_e^*)-K) > \pi^n(p^*, z^*)$，所以，$\pi^e(p_e^*, z_e^*) > \pi^n(p^*, z^*)$。

因此，當 $K^* \in (k(y(p_e^*)+z_e^*), k(y(p^*)+z^*))$ 時，根據介值定理可知，存在一個 K^*，使得 $\pi^e(p_e^*, z_e^*) = \pi^n(p^*, z^*)$。反解得 $K^* = k(y(p_e^*)+z_e^*) + \dfrac{1}{w}(\pi^n(p^*, z^*) - \pi^e(p_e^*, z_e^*))$。

因為 $\pi(p, z)$ 是關於 K 的遞增函數，因此：
(1) 若 $K > K^*$，那麼，$\pi^e(p_e^*, z_e^*) > \pi^n(p^*, z^*) \geq \pi^K(p_K^*, z_K^*)$；
(2) 若 $K = K^*$，那麼，$\pi^e(p_e^*, z_e^*) = \pi^n(p^*, z^*) > \pi^K(p_K^*, z_K^*)$；
(3) 若 $K < K^*$，那麼，$\pi^n(p^*, z^*) > \pi^e(p_e^*, z_e^*) \geq \pi^K(p_K^*, z_K^*)$。
得證。

推論5.4表明製造企業可以通過購買或出售碳配額來增加製造企業的期望利潤，所以，製造企業進行碳排放權交易，企業的期望利潤總是高於碳限額約束下的期望利潤，是否高於無碳限額約束下的期望利潤主要取決於政府的初始碳配額量。

以上分析表明，當製造企業最優生產所產生的二氧化碳（CO_2）排放量低於政府規定的碳限額時，企業有碳排放權剩餘可能，企業可以將剩餘的碳排放權在外部碳交易市場上出售獲利。反之，當製造企業最優生產所產生的二氧化碳（CO_2）排放量高於政府規定的碳限額時，企業的生產與定價決策受到政府規定的碳限額的影響，企業將在外部碳交易市場購買碳排放權以維持生產。

5.3.2 情形二：進行綠色技術投入決策

情形二是在碳限額下，製造企業將只進行綠色技術投入獲得碳排放權的節約，變相獲得額外的碳排放權。在製造企業進行綠色技術投入時，因為 $Q = y(p, T) + z$，$D = y(p, T) + \varepsilon$，$y(p, T) = a - bp + \delta T$，$\varepsilon$ 為 $[0, A]$ 上的隨機變量，其累積分佈函數為 $F(\cdot)$，δ 表示綠色技術投入對需求的影響係數。則 $Q - D = z - \varepsilon$，$(Q - D)^+ = \int_A^z F(x) dx$。

製造企業在此情形下的期望利潤函數為：

$$\begin{cases} \pi^t(p, T, z) = \\ (p + r - c(T))(y(p, T) + z) - (p + r - v)\int_0^z F(x) dx - r\mu \\ s.\ t.\quad y(p, T) + z \leq \dfrac{K}{k(T)} \end{cases} \quad (5.4)$$

製造企業在此情況下的決策目標在於最大化期望利潤。

命題 5.3：製造企業進行綠色技術投入決策，使製造企業期望利潤最大化的最優銷售價格、最優生產量和最優綠色技術投入水平存在且唯一，最優銷售價格為 p_t^*，且滿足式 5.5，最優生產量為 $Q_t^* = \dfrac{K}{k(T_t^*)}$，最優綠色技術投入水平為 $T^* \in \Omega_z$。

證明：

給定投入綠色技術投入水平 T 和庫存因子 z，上述關於 p 的非線性規劃問題可以轉化為：

$$\begin{cases} \min_p \Pi^t(p) = -\pi^t(p, T, z) \\ g_1(p) = y(p, T, z) + z \geq 0 \\ g_2(p) = \dfrac{K}{k(T)} - y(p, T, z) - z \geq 0 \end{cases}$$

其目標函數和約束函數的梯度分別為：

$$\nabla \Pi^t(p) = -\left(y(p, T) + z - b(p + r - c(T)) - \int_0^z F(x) dx \right);$$

$\nabla g_1(p) = -b$；

$\nabla g_2(p) = b$。

對約束條件分別引入廣義拉格朗日乘子 γ_1^*，γ_2^*，設 p_t^* 為 $K-T$ 點，則該問題的 $K-T$ 條件為：

$$\begin{cases} -\left(y(p_t^*, T) + z - b(p_t^* + r - c) - \int_0^z F(x)dx\right) + b\gamma_1^* - b\gamma_2^* = 0 \\ \gamma_1^*(y(p_t^*, T) + z) = 0 \\ \gamma_2^*\left(\dfrac{K}{k(T)} - y(p_t^*, T) - z\right) = 0 \\ \gamma_1^*, \gamma_2^* \geqslant 0 \end{cases}$$

該方程組分以下情況討論：

(情況 5.6) $\gamma_1^* \neq 0, \gamma_2^* \neq 0$。無解。

(情況 5.7) $\gamma_1^* \neq 0, \gamma_2^* = 0$。解得：$y(p_t^*, T) + z = 0$, $\gamma_1^* = -(p_t^* + r - c)$

$-\dfrac{1}{b}\int_0^z F(x)dx < 0$，不是 $K-T$ 點。

(情況 5.8) $\gamma_1^* = 0, \gamma_2^* \neq 0$。解得：$\dfrac{K}{k(T)} - (y(p_{t1}^*, T) + z) = 0$,

$\gamma_2^* = \dfrac{1}{b}\left(y(c(T), T) + br + \int_0^z F(x)dx - 2\dfrac{K}{k(T)}\right)$

(情況 5.9) $\gamma_1^* = 0, \gamma_2^* = 0$。解得：

$y(p_{t2}^*, T) + z - b(p_{t2}^* + r - c(T)) - \int_0^z F(x)dx = 0$。

（1）由情況 5.8 可知，當 p_{t1}^* 為 $K-T$ 點，即企業的生產成本結構 $c(T)$ 和技術結構 $k(T)$ 滿足如下不等式時，企業的最優生產量等於其最大碳約束產出（即能生產多少就生產多少）。

$$y(c(T), T) + br + \int_0^z F(x)dx - 2\dfrac{K}{k(T)} > 0$$

通過上述不等式的求解，存在一個 T 的範圍 Ω_z，對於任意給定的投入水平 $T_{t1}^* \in \Omega_z$，製造企業的生產與定價決策模型轉化為：

$$\pi^t(z) = (p_{t1}^* + r - c(T_{t1}^*))(y(p_{t1}^*, T_{t1}^*) + z) - (p_{t1}^* + r - v)\int_0^z F(x)dx - r\mu$$

$$s.t. \begin{cases} \dfrac{K}{k(T_{t1}^*)} - (y(p_{t1}^*, T_{t1}^*) + z) = 0 \\ y(c(T_{t1}^*), T_{t1}^*) + br + \int_0^z F(x)dx - 2\dfrac{K}{k(T_{t1}^*)} > 0 \end{cases}$$

製造企業在此情況下的決策目標在於最大化期望利潤。

上述非線性規劃等價於：

$$\begin{cases}\min_z \Pi^t(z) = -\pi^t(z)\\ g(z) = y(c(T_{t1}^*), T_{t1}^*) + br + \int_0^z F(x)\,dx - 2\dfrac{K}{k(T_{t1}^*)} > 0\\ h(z) = \dfrac{K}{k(T_{t1}^*)} - (y(p_{t1}^*, T_{t1}^*) + z) = 0\end{cases}$$

其目標函數和約束函數的梯度分別為：

$\nabla \Pi^t(z) =$

$-\left(\dfrac{\partial p_{t1}^*}{\partial z} - \dfrac{\partial c(T_{t1}^*)}{\partial T_{t1}^*}\dfrac{\partial T_{t1}^*}{\partial z}\right)(y(p_{t1}^*, T_{t1}^*) + z)$

$-(p_{t1}^* + r - c(T_{t1}^*))\left(\dfrac{\partial y(p_{t1}^*, T_{t1}^*)}{\partial p_{t1}^*}\dfrac{\partial p_{t1}^*}{\partial z} + \dfrac{\partial y(p_{t1}^*, T_{t1}^*)}{\partial T_{t1}^*}\dfrac{\partial T_{t1}^*}{\partial z} + 1\right)$

$+\left(\dfrac{\partial p_{t1}^*}{\partial z} + r - v\right)\int_0^z F(x)\,dx + (p_{t1}^* + r - v)F(z)$

$\nabla g(z) =$

$\dfrac{\partial y(c(T_{t1}^*), T_{t1}^*)}{\partial c(T_{t1}^*)}\dfrac{\partial c(T_{t1}^*)}{\partial T_{t1}^*}\dfrac{\partial T_{t1}^*}{\partial z} + \dfrac{\partial y(c(T_{t1}^*), T_{t1}^*)}{\partial T_{t1}^*}\dfrac{\partial T_{t1}^*}{\partial z} + F(z)$

$+ 2\dfrac{K}{k^2(T_{t1}^*)}\dfrac{\partial k(T_{t1}^*)}{\partial T_{t1}^*}\dfrac{\partial T_{t1}^*}{\partial z}$

$\nabla h(z) =$

$-\dfrac{K}{k^2(T_{t1}^*)}\dfrac{\partial k(T_{t1}^*)}{\partial (T_{t1}^*)}\dfrac{\partial (T_{t1}^*)}{\partial z} - \left(\dfrac{y(p_{t1}^*, T_{t1}^*)}{\partial p_{t1}^*}\dfrac{\partial p_{t1}^*}{\partial z} + \dfrac{y(p_{t1}^*, T_{t1}^*)}{\partial T_{t1}^*}\dfrac{\partial T_{t1}^*}{\partial z} + 1\right)$

對約束條件引入廣義拉格朗日乘子 γ^*，v^*，設 z_{e2}^* 為 $K-T$ 點，則該問題的 $K-T$ 條件為：

$$\begin{cases}\nabla\Pi^t(z) - \gamma^*\nabla g(z) - v^*\nabla h(z) = 0\\ \gamma^*\left(y(c(T_{t1}^*), T_{t1}^*) + br + \int_A^z F(x)\,dx - 2\dfrac{K}{k(T_{t1}^*)}\right) = 0\\ v^*\left(\dfrac{K}{k(T_{t1}^*)} - (y(p_{t1}^*, T_{t1}^*) + z)\right) = 0\\ \gamma^*, v^* \geqslant 0\end{cases}$$

由約束條件可知 $\gamma^* = 0$，$v^* \neq 0$。解得：

$$\dfrac{K}{k(T_{t1}^*)} - (y(p_{t1}^*, T_{t1}^*) + z) = 0 \qquad (5.5)$$

$$-\left(\frac{\partial p_{t1}^*}{\partial z} - \frac{\partial c(T_{t1}^*)}{\partial T_{t1}^*}\frac{\partial T_{t1}^*}{\partial z}\right)(y(p_{t1}^*, T_{t1}^*) + z)$$

$$-(p_{t1}^* + r - c(T_{t1}^*))\left(-b\frac{\partial p_{t1}^*}{\partial z} + \delta\frac{\partial T_{t1}^*}{\partial z} + 1\right) \quad (5.6)$$

$$+\left(\frac{\partial p_{t1}^*}{\partial z} + r - v\right)\int_0^z F(x)dx + (p_{t1}^* + r - v)F(z) = 0$$

製造企業的最優庫存因子 $z_t^* = z_{t1}^*$ 由式（5.6）確定，最優銷售價格 $p_t^* = p_{t1}^*$ 由（5.5）確定，最優綠色技術投入水平 $T_t^* = T_{t1}^* \in \Omega_z$，其最優生產量 $Q_t^* = Q_{t1}^* = \dfrac{K}{k(T_{t1}^*)}$，剩餘碳排放權 $W_t^* = 0$。

（2）由情況5.9可知，當 p_{t2}^* 為點時，企業的生產成本結構 $c(T)K - T$ 和技術結構 $k(T)$ 滿足如下等式：

$$y(p_{t2}^*, T) + z - b(p_{t2}^* + r - c(T)) - \int_0^z F(x)dx = 0$$

則有 $p_{t2}^* \in \Omega_{T\times z}$。$\Omega_{T\times z}$ 表示為有 T 和 z 構成的二元實數空間。

製造企業的最優生產量可轉變為：

$$\pi^t(T, z) = (p_{t2}^* + r - c(T))(y(p_{t2}^*, T) + z) - (p_{t2}^* + r - v)\int_0^z F(x)dx - r\mu$$

$$s.t. \begin{cases} y(p_{t2}^*, T) + z < \dfrac{K}{k(T)} \\ y(p_{t2}^*, T) + z - b(p_{t2}^* + r - c(T)) - \int_0^z F(x)dx = 0 \end{cases}$$

製造企業在此情況下的決策目標在於最大化期望利潤。

給定 $z \in [0, A]$ 和 $p_{t2}^* \in \Omega_{T\times z}$，上述關於 T 非線性規劃問題可以轉化為：

$$\begin{cases} \min_T \Pi^t(T) = -\pi^t(T) \\ g(T) = \dfrac{K}{k(T)} - (y(p_{t2}^*, T) + z) > 0 \\ h(T) = y(p_{t2}^*, T) + z - b(p_{t2}^* + r - c(T)) - \int_0^z F(x)dx = 0 \end{cases}$$

其目標函數和約束函數的梯度分別為：

$$\nabla \Pi^t(T) = -\left(\frac{\partial p_{t2}^*}{\partial T} - \frac{\partial c(T)}{\partial T}\right)(y(p_{t2}^*, T) + z)$$

$$-(p_{t2}^* + r - c(T))\left(\frac{\partial y(p_{t2}^*, T)}{\partial p_{t2}^*}\frac{\partial p_{t2}^*}{\partial T} + \frac{\partial y(p_{t2}^*, T)}{\partial T}\right)$$

$$+ \left(\frac{\partial p_{t2}^*}{\partial T} + r - v\right) \int_0^z F(x) dx$$

$$\nabla g(T) = -\frac{K}{k^2(T)} \frac{\partial k(T)}{\partial T} - \frac{\partial y(p_{t2}^*, T)}{\partial p_{t2}^*} \frac{\partial p_{t2}^*}{\partial T} - \frac{\partial y(p_{t2}^*, T)}{\partial T}$$

$$\nabla h(T) = \frac{\partial y(p_{t2}^*, T)}{\partial p_{t2}^*} \frac{\partial p_{t2}^*}{\partial T} + \frac{\partial y(p_{t2}^*, T)}{\partial T} - b\left(\frac{\partial p_{t2}^*}{\partial T} - \frac{\partial c(T)}{\partial T}\right)$$

對約束條件引入廣義拉格朗日乘子 γ^*, v^*, 設 T_{t2}^* 為 $K-T$ 點，則該問題的 $K-T$ 條件為：

$$\begin{cases} \nabla \Pi^t(T_{t2}^*) - \gamma^* \nabla g(T_{t2}^*) - v^* \nabla h(T_{t2}^*) = 0 \\ \gamma^* \left(\frac{K}{k(T_{t2}^*)} - (y(p_{t2}^*, T_{t2}^*) + z)\right) = 0 \\ v^* \left(y(p_{t2}^*, T_{t2}^*) + z - b(p_{t2}^* + r - c(T_{t2}^*)) - \int_0^z F(x)dx\right) = 0 \\ \gamma^*, v^* \geq 0 \end{cases}$$

由約束條件可知, $\gamma^* = 0$, $v^* \neq 0$。解得：

$$y(p_{t2}^*, T_{t2}^*) + z - b(p_{t2}^* + r - c(T_{t2}^*)) - \int_0^z F(x)dx = 0 \tag{5.7}$$

$$-\left(\frac{\partial p_{t2}^*(T_{t2}^*)}{\partial T} - \frac{\partial c(T_{t2}^*)}{\partial T}\right)(y(p_{t2}^*, T_{t2}^*) + z) -$$

$$(p_{t2}^* + r - c(T_{t2}^*))\left(-b\frac{\partial p_{t2}^*(T_{t2}^*)}{\partial T} + \delta\right) + \left(\frac{\partial p_{t2}^*(T_{t2}^*)}{\partial T} + r - v\right)\int_0^z F(x)dx = 0 \tag{5.8}$$

聯立式 (5.7) 和式 (5.8)，可得存在 $z \in [0, A]$，使得 $T_{t2}^* \in \Omega_z$。因此，製造企業的生產與定價決策進一步可轉化為：

$$\pi^t(z) = (p_{t2}^* + r - c(T_{t2}^*))(y(p_{t2}^*, T_{t2}^*) + z) - (p_{t2}^* + r - v)\int_0^z F(x)dx - r\mu$$

$$s.t. \begin{cases} y(p_{t2}^*, T_{t2}^*) + z < \dfrac{K}{k(T_{t2}^*)} \\ y(p_{t2}^*, T_{t2}^*) + z - b(p_{t2}^* + r - c(T_{t2}^*)) - \int_0^z F(x)dx = 0 \\ -\left(\dfrac{\partial p_{t2}^*(T_{t2}^*)}{\partial T} - \dfrac{\partial c(T_{t2}^*)}{\partial T}\right)(y(p_{t2}^*, T_{t2}^*) + z) - \\ (p_{t2}^* + r - c(T_{t2}^*))\left(-b\dfrac{\partial p_{t2}^*(T_{t2}^*)}{\partial T} + \delta\right) + \left(\dfrac{\partial p_{t2}^*(T_{t2}^*)}{\partial T} + r - v\right)\int_0^z F(x)dx = 0 \end{cases}$$

製造企業在此情況下的決策目標在於最大化期望利潤。

類似於上述的決策模型，令 Z_{t2}^* 為該決策模型的 $K-T$ 點，則 Z_{t2}^* 可由如下條件確定。

$$\left(\frac{\partial p_{t2}^*}{\partial T_{t2}^*}\frac{\partial T_{t2}^*}{\partial z} - \frac{\partial c(T_{t2}^*)}{\partial T_{t2}^*}\frac{\partial T_{t2}^*}{\partial z}\right)(y(p_{t2}^*, T_{t2}^*) + z) +$$
$$\left(\frac{\partial y(p_{t2}^*, T_{t2}^*)}{\partial p_{t2}^*}\frac{\partial p_{t2}^*}{\partial T_{t2}^*}\frac{\partial T_{t2}^*}{\partial z} + \frac{\partial y(p_{t2}^*, T_{t2}^*)}{\partial p_{t2}^*}\frac{\partial T_{t2}^*}{\partial z} + 1\right) - \quad (5.9)$$
$$\frac{\partial p_{t2}^*}{\partial T_{t2}^*}\frac{\partial T_{t2}^*}{\partial z}\int_0^z F(x)dx - (p_{t2}^* + r - v)F(z) = 0$$

將 Z_{t2}^* 代入如下條件，可確定最優綠色投入水平 T_{t2}^*。

$$-\left(\frac{\partial p_{t2}^*(T_{t2}^*)}{\partial T} - \frac{\partial c(T_{t2}^*)}{\partial T}\right)(y(p_{t2}^*, T_{t2}^*) + Z_{t2}^*) -$$
$$(p_{t2}^* + r - c(T_{t2}^*))\left(-b\frac{\partial p_{t2}^*(T_{t2}^*)}{\partial T} + \delta\right) + \left(\frac{\partial p_{t2}^*(T_{t2}^*)}{\partial T} + r - v\right)\int_0^{Z_{t2}^*} F(x)dx = 0$$
(5.10)

在將 Z_{t2}^* 和 T_{t2}^* 代入下列條件中，可確定最優銷售價格 p_{t2}^*。

$$y(p_{t2}^*, T_{t2}^*) + z_{t2}^* - b(p_{t2}^* + r - c(T_{t2}^*)) - \int_0^{z_{t2}^*} F(x)dx = 0 \quad (5.11)$$

製造企業的最優生產量為：$Q_t^* = Q_{t2}^* = y(p_{t2}^*, T_{t2}^*) + T_{t2}^*$，剩餘碳排放權為 $W_t^* = K - k(T_{t2}^*)Q_{t2}^*$。但由於在此情形下，製造企業產生的碳排放權剩餘並不能通過外部碳排放權交易市場出售獲利，所以，製造企業並不會進行綠色技術投入。此時，製造企業的最優生產與定價決策退化為無碳限額約束時的生產與定價決策，最優銷售價格 $p_t^* = p^*$，生產量 $Q_t^* = Q^*$，最優綠色技術投入水平 $T^* = 0$。

綜上所述，在碳限額約束下，製造企業進行綠色技術投入決策，存在一個最優的銷售價格 p_t^* 由式 5.5 確定，生產量 $Q_t^* = \dfrac{K}{k(T_t^*)}$ 和最優的綠色技術投入水平 $T^* \in \Omega_z$。

得證。

命題 5.3 表明，製造企業通過綠色技術投入降低單位產品的碳排放水平，在此種情形下，當企業最優生產所產生的二氧化碳（CO_2）排放量低於政府規定的碳限額時，企業的生產與定價決策不受政府規定的碳限額的影響，此時製造企業不會進行綠色技術投入。反之，當製造企業最優生產所產生的二氧化碳

(CO_2) 排放量高於政府規定的碳限額時，製造企業的生產與定價決策受到政府規定的碳限額的影響，此時，製造企業會進行綠色技術投入。

為了討論綠色技術投入對製造企業生產與定價決策的影響，可以得到以下命題：

推論 5.5：$p_K^* \geq p_t^* \geq p^*$

證明：

構造拉格朗日因子 $\varphi \geq 0$，由式 5.4 約束條件可得：

$$\begin{cases} k(T)(y(p, T) + z) - K \leq 0 \\ \varphi(k(T)(y(p, T) + z) - K) = 0 \\ y(p, T) + z - b(p + r - c(T)) - \int_0^z F(x)dx + \varphi bk(T) = 0 \end{cases}$$

當 $\varphi = 0$ 時，可得：

$$y(p, T) + z - b(p + r - c(T)) - \int_0^z F(x)dx + \varphi bk(T) = 0 \quad \frac{\partial \pi^K(p, z)}{\partial p} = 0,$$

$k(T)(y(p, T) + z) \leq K$，因此，$p_t^* = p^*$；

當 $\varphi > 0$ 時，可得：

$$y(p, T) + z - b(p + r - c(T)) - \int_0^z F(x)dx = -\varphi bk(T) < 0,$$

$k(T)(y(p, T) + z) = K$，因此，可以得到 $p_t^* > p^*$，綜合可得 $p_t^* \geq p^*$。

(1) $K \geq k(a - bp^* + z^*)$ 時，製造企業的碳排放量不會受到政府碳限額約束的影響，企業的綠色技術投入水平 $T^* = 0$，由此可得 $p_K^* = p_t^*$。

(2) $K < k(a - bp^* + z^*)$ 時，製造企業的排放量受到政府碳限額約束的影響，企業的綠色技術投入水平 $T^* \in (0,1)$，由前述的分析可知 $p_K^* > p_t^*$。

綜上可得 $p_K^* \geq p_t^* \geq p^*$。

得證。

推論 5.5 可知，製造企業進行綠色技術投入，最優銷售價格不高於碳限額約束時的銷售價格，不低於無碳限額約束下的最優銷售價格。

為了討論綠色技術投入對製造企業期望利潤的影響，可以得到以下命題：

推論 5.6：$\pi^K(p_K^*, z_K^*) \leq \pi^t(p_t^*, z_t^*, T^*) \leq \pi^n(p^*, z^*)$

證明：

在碳限額約束下企業僅進行綠色技術投入決策時，當 $K \geq k(a - bp^* + z^*)$ 時，製造企業不會進行綠色技術投入，有 $\pi^K(p_K^*, z_K^*) = \pi^t(p_t^*, z_t^*, T^*) = \pi^*(p^*, z^*)$。

當 $K < k(a - bp^* + z^*)$ 時，企業會進行綠色技術投入，則有：

$$\pi^t(p_t^*, z_t^*, T^*) = \pi^n(p_t^*, z_t^*) - (c(T) - c)\frac{K}{k}$$

因此，可以得到 $\pi^t(p_t^*, z_t^*, T^*) = \pi^n(p_t^*, z_t^*) - (c(T) - c)\frac{K}{k} \leqslant \pi^n(p^*, z^*)$，$\pi^t(p_t^*, z_t^*, T^*) \leqslant \pi^n(p^*, z^*)$，$\pi^K(p_K^*, z_K^*) = \pi^n(p_K^*, z_K^*) \leqslant \pi^n(p^*, z^*)$。

又 $\pi^t(p_t^*, z_t^*, T^*) - \pi^K(p_K^*, z_K^*) = \pi^n(p_t^*, z_t^*) - \pi^K(p_K^*, z_K^*) - (c(T) - c)\frac{K}{k}$，若 $T = 0$，那麼，$\pi^t(p_t^*, z_t^*, T^*) - \pi^K(p_K^*, z_K^*) = 0$。

(1) 當 $\pi^n(p_t^*, z_t^*) - \pi^n(p_K^*, z_K^*) > (c(T) - c)\frac{K}{k}$ 時，可得 $\pi^t(p_t^*, z_t^*, T^*) \geqslant \pi^K(p_K^*, z_K^*) = \pi^K(p_K^*, z_K^*, 0)$，這時，進行綠色技術投入可以增加生產企業在碳限額約束下的期望利潤，$\pi^K(p_K^*, z_K^*) \leqslant \pi^t(p_t^*, z_t^*, T^*)$。

(2) 當 $\pi^n(p_t^*, z_t^*) - \pi^n(p_K^*, z_K^*) = (c(T) - c)\frac{K}{k}$ 時，可得 $\pi^t(p_t^*, z_t^*, T^*) = \pi^K(p_K^*, z_K^*) = \pi^K(p_K^*, z_K^*, 0)$，這時，綠色技術投入不會增加生產企業在碳限額約束下的期望利潤，所以，生產企業理性地放棄綠色技術投入，$\pi^K(p_K^*, z_K^*) = \pi^t(p_t^*, z_t^*, T^*)$。

(3) 當 $\pi^n(p_t^*, z_t^*) - \pi^n(p_K^*, z_K^*) < (c(T) - c)\frac{K}{k}$ 時，可得 $\pi^t(p_t^*, z_t^*, T^*) \leqslant \pi^K(p_K^*, z_K^*) = \pi^K(p_K^*, z_K^*, 0)$，這時，進行綠色技術投入只會減少生產企業在碳限額約束下的期望利潤，所以此時不進行綠色技術投入，從而 $\pi^K(p_K^*, z_K^*) = \pi^t(p_t^*, z_t^*, T^*)$。

綜上可得 $\pi^K(p_K^*, z_K^*) \leqslant \pi^t(p_t^*, z_t^*, T^*) \leqslant \pi^*(p^*, z^*)$。

得證。

推論 5.6 表明在碳限額約束下，適當的綠色技術投入能夠增加生產企業的期望利潤。

5.3.3　情形三：進行碳排放權交易和綠色技術投入組合決策

情形三是在碳限額約束下，製造企業將實施碳排放權交易和綠色技術投入的組合決策。由於製造企業處於壟斷地位，因此製造企業為鞏固其壟斷地位，更願意從長遠角度出發，進行低碳減排技術的投入。由命題 5.3 可知，製造企業進行綠色技術投入，當 $K \geqslant k(T^*)Q_t^*$，企業的成本結構滿足 $y(p_t^*, T^*) +$

$z_t^* - b(p_t^* + r - c(T_t^*)) - \int_0^{z_t^*} F(x)dx = 0$ 時，企業有碳排放權剩餘。但由於在碳限額約束下，當無法進行碳排放權交易時，製造企業並不能將剩餘的碳排放權進行出售以獲利，因此製造企業並不會進行綠色技術投入。但在碳限額與交易情形下，由於外部碳交易市場的存在，製造企業有將剩餘的碳排放權出售獲利的可能。因此，處於壟斷市場地位的製造企業也有意願進行低碳減排技術的投入，對產品進行綠色技術投入。假設製造企業願意對產品進行綠色技術投入，因此有 $T > 0$。此外，由於 p 分別表示產品的銷售價格，不失一般性，假設 $p > 0$，可以得到如下命題：

命題 5.4：製造企業實施碳排放權交易和綠色技術投入的組合決策，在給定的參數成本結構和政府制定的碳限額下，當 $K \geq k(T_c^*)(y(p_c^*, T_c^*) + z_c^*)$ 時，存在一個使得製造企業期望利潤最大化的銷售價格 $p_c^* = p_t^*$，綠色技術投入水平 $T_c^* = T^*$，生產量 $Q_c^* = Q_t^*$，且滿足式 5.11，碳排放權售出量 $W_c^* = K - k(T_c^*)(y(p_c^*, T_c^*) + z^*)$。

證明：

由命題 5.3 可知，在給定的參數成本結構和政府規定的碳限額下，製造企業進行綠色技術投入，當製造企業最優生產產生的碳排放量不超過政府規定的碳限額，即 $K \geq k(T_c^*)(y(p_c^*, T_c^*) + z_c^*)$ 成立時，企業有碳排放權剩餘的可能。

根據命題 5.3 的結論，此情形下的最優綠色技術投入水平 T_c^*、最優生產量 Q_c^*、最優銷售價格 p_c^* 和最優庫存水平 W_c^* 為命題 5.3 時的最優綠色技術投入水平、最優生產量、最優銷售價格、最優庫存水平。即銷售價格 $p_c^* = p_t^*$，綠色技術投入水平 $T_c^* = T^*$，生產量 $Q_c^* = Q_t^*$，且滿足式 5.11。碳排放權售出量 $W_c^* = K - k(T_c^*)(y(p_c^*, T_c^*) + z^*)$。

得證。

由命題 5.3 可知，當 $K < k(T^*)Q_t^*$，成本結構滿足 $y(c(T_t^*), T_t^*) + br + \int_0^{z_t^*} F(x)dx - 2\frac{K}{k(T_t^*)} > 0$ 成立時，製造企業的生產與定價決策受到政府規定的碳限額的約束。在碳限額與交易機制下，製造企業可以考慮在外部碳交易市場購買碳排放權以維持生產。

製造企業在此情形下的期望利潤函數為：

$$\begin{cases} \pi^c(p, T, z) = \\ (p + r - c(T))(y(p, T) + z) - (p + r - v)\int_0^z F(x)dx - r\mu - \\ w(k(T)(y(p, T) + z) - K) \\ s.t. \quad y(p, T) + z > \dfrac{K}{k(T)} \end{cases} \quad (5.12)$$

製造企業在此情況下的決策目標在於最大化期望利潤。

命題 5.5：製造企業實施碳排放權交易和綠色技術投入的組合決策，存在一個使得製造企業期望利潤最大化的銷售價格為 p_c^*，且滿足式 5.18，綠色技術投入水平 $T_c^* \in \Omega_z$，生產量 $Q_c^* = y(p_c^*, T_c^*) + z_c^*$，碳排放權購買量為 $W_c^* = k(T_c^*)(y(p_c^*, T_c^*) + z_c^*) - K$。

證明：

給定綠色技術投入水平 T 和庫存水平 z，式 5.12 關於問題可以轉化為：

$$\begin{cases} \min_p \Pi^c(p) = -\pi^c(p, T, z) \\ g(p) = y(p, T) + z - \dfrac{K}{k(T)} > 0 \end{cases}$$

其目標函數和約束函數的梯度分別為：

$$\nabla \Pi^c(p) = -\left((y(p, T) + z) - b(p + r - c(T)) + wbk(T) - \int_0^z F(x)dx\right)$$

$$\nabla g(p) = -b$$

對約束條件分別引入廣義拉格朗日乘子 γ^*，設 p_c^* 為 $K-T$ 點，則該問題的 $K-T$ 條件為：

$$\begin{cases} -\left((y(p_c^*, T) + z) - b(p_c^* + r - c(T)) + wbk(T) - \int_0^z F(x)dx\right) + b\gamma^* = 0 \\ \gamma^*\left(y(p_c^*, T, z) + z - \dfrac{K}{k(T)}\right) = 0 \\ \gamma^* \geq 0 \end{cases}$$

由約束條件大於零可得 $\gamma^* = 0$，則有：

（情況 5.10） $\gamma^* = 0$。解得：

$$2y(p_c^*, T) + z + wbk(T) - y(c(T), T) - br - \int_0^z F(x)dx = 0$$

由情況 5.10 可知，當 p_c^* 為 $K-T$ 點時，則有下式成立：

$$2y(p_c^*, T) + z + wbk(T) - y(c(T), T) - br - \int_0^z F(x)dx = 0 \quad (5.13)$$

則有 $p_c^* \in \Omega_{T \times z}$。$\Omega_{T \times z}$ 表示為有 T 和 z 構成的二元實數空間。
企業的最優生產量可轉變為：

$\pi^c(T, z) =$
$(p_c^* + r - c(T))(y(p_c^*, T) + z)$
$- (p_c^* + r - v) \int_A^z F(x) dx - r\mu - w(k(T)(y(p_c^*, T) + z) - K)$

$s.\ t. \begin{cases} y(p_c^*, T) + z - \dfrac{K}{k(T)} > 0 \\ 2y(p_c^*, T) + z + wbk(T) - y(c(T), T) - br - \int_0^z F(x)dx = 0 \end{cases}$

製造企業在此情況下的決策目標在於最大化期望利潤。
給定 $z \in [0, A]$ 和 $p_c^* \in \Omega_{T \times z}$，上述關於 T 非線性規劃問題可以轉化為：

$\begin{cases} \min\limits_T \Pi^c(T) = -\pi^c(T) \\ g(T) = (y(p_c^*, T) + z) - \dfrac{K}{k(T)} > 0 \\ h(T) = 2y(p_c^*, T) + z + wbk(T) - y(c(T), T) - br - \int_0^z F(x)dx = 0 \end{cases}$

其目標函數和約束函數的梯度分別為：

$\nabla \Pi^c(T) =$
$-\left(\dfrac{\partial p_c^*}{\partial T} - \dfrac{\partial c(T)}{\partial T} - w\dfrac{\partial k(T)}{\partial T}\right)(y(p_c^*, T) + z) -$
$(p_c^* + r - c(T) - wk(T))\left(-b\dfrac{\partial p_c^*}{\partial T} + \delta\right) + \dfrac{\partial p_c^*}{\partial T}\int_0^z F(x)dx$

$\nabla g(T) = -b\dfrac{\partial p_c^*}{\partial T} + \delta + \dfrac{K}{k^2(T)}\dfrac{\partial k(T)}{\partial T}$

$\nabla h(T) = 2\left(-b\dfrac{\partial p_c^*}{\partial T} + \delta\right) + wb\dfrac{\partial k(T)}{\partial T} + b\dfrac{\partial c(T)}{\partial T} - \delta$

對約束條件引入廣義拉格朗日乘子 γ^*、v^*，設 T_c^* 為 $K-T$ 點，則該問題的 $K-T$ 條件為：

$$\begin{cases} \nabla \Pi^c(T_c^*) - \gamma^* \nabla g(T_c^*) - v^* \nabla h(T_c^*) = 0 \\ \gamma^* \left((y(p_c^*, T_c^*) + z) - \dfrac{K}{k(T_c^*)} \right) = 0 \\ v^* \left(2y(p_c^*, T_c^*) + z + wbk(T_c^*) - y(c(T_c^*), T_c^*) - br - \displaystyle\int_0^z F(x)\,dx \right) = 0 \\ \gamma^*, v^* \geqslant 0 \end{cases}$$

由約束條件可知，$\gamma^* = 0$，$v^* \neq 0$。解得：

$$2y(p_c^*, T_c^*) + z + wbk(T_c^*) - y(c(T_c^*), T_c^*) - br - \int_0^z F(x)\,dx \quad (5.14)$$

$$-\left(\dfrac{\partial p_c^*(T_c^*)}{\partial T} - \dfrac{\partial c(T_c^*)}{\partial T} - w \dfrac{\partial k(T_c^*)}{\partial T} \right)(y(p_c^*, T_c^*) + z) -$$

$$(p_c^* + r - c(T_c^*) - wk(T_c^*))\left(-b\dfrac{\partial p_c^*(T_c^*)}{\partial T} + \delta \right) + \dfrac{\partial p_c^*(T_c^*)}{\partial T}\int_0^z F(x)\,dx = 0$$

$$(5.15)$$

聯立式（5.14）和式（5.15），可得存在 $z \in [0, A]$，使得 $T_c^* \in \Omega_z$。
因此，製造企業的生產與定價決策進一步可轉化為：

$\pi^c(z) =$
$(p_c^* + r - c(T_c^*))(y(p_c^*, T_c^*) + z)$
$- (p_c^* + r - v) \displaystyle\int_A^z F(x)\,dx - r\mu - w(k(T_c^*)(y(p_c^*, T_c^*) + z) - K)$

$$s.\,t. \begin{cases} y(p_c^*, T_c^*) + z - \dfrac{K}{k(T_c^*)} > 0 \\ 2y(p_c^*, T_c^*) + z + wbk(T_c^*) - y(c(T_c^*), T_c^*) - br - \displaystyle\int_0^z F(x)\,dx = 0 \\ -\left(\dfrac{\partial p_c^*(T_c^*)}{\partial T} - \dfrac{\partial c(T_c^*)}{\partial T} - w \dfrac{\partial k(T_c^*)}{\partial T} \right)(y(p_c^*, T_c^*) + z) - \\ (p_c^* + r - c(T_c^*) - wk(T_c^*))\left(-b\dfrac{\partial p_c^*(T_c^*)}{\partial T} + \delta \right) + \dfrac{\partial p_c^*(T_c^*)}{\partial T}\displaystyle\int_0^z F(x)\,dx = 0 \end{cases}$$

類似於上述的決策模型，令 z_c^* 為該決策模型的 $K-T$ 點，則 z_c^* 可由如下條件確定：

$$\left(\frac{\partial p_c^*}{\partial T_c^*}\frac{\partial T_c^*}{\partial z} + \frac{\partial p_c^*}{\partial z} - \frac{\partial c(T_c^*)}{\partial z}\frac{\partial T_c^*}{\partial z} - w\frac{\partial k(T_c^*)}{\partial T_c^*}\frac{\partial T_c^*}{\partial z}\right)(y(p_c^*, T_c^*) + z_c^*) +$$

$$(p_c^* + r - c(T_c^*) - wk(T_c^*))\left(-b\left(\frac{\partial p_c^*}{\partial T_c^*}\frac{\partial T_c^*}{\partial z} + \frac{\partial p_c^*}{\partial z}\right) + \delta\frac{\partial T_c^*}{\partial z} + 1\right) -$$

$$\left(\frac{\partial p_c^*}{\partial T_c^*}\frac{\partial T_c^*}{\partial z} + \frac{\partial p_c^*}{\partial z}\right)\int_0^z F(x)dx - (p_c^* + r - v)F(z_c^*) - w = 0$$

(5.16)

將 z_c^* 代入如下條件，可確定最優投入水平 T_c^*：

$$-\left(\frac{\partial p_c^*(T_c^*)}{\partial T} - \frac{\partial c(T_c^*)}{\partial T} - w\frac{\partial k(T_c^*)}{\partial T}\right)(y(p_c^*, T_c^*) + z) -$$

$$(p_c^* + r - c(T_c^*) - wk(T_c^*))\left(-b\frac{\partial p_c^*(T_c^*)}{\partial T} + \delta\right) + \frac{\partial p_c^*(T_c^*)}{\partial T}\int_0^z F(x)dx = 0$$

(5.17)

再將 z_c^* 和 T_c^* 代入下列條件中，可確定最優銷售價格 p_c^*：

$$2y(p_c^*, T_c^*) + z_c^* + wbk(T_c^*) - y(c(T_c^*), T_c^*) - br - \int_0^{z_c^*} F(x)dx = 0$$

(5.18)

綜上，製造企業的最優銷售價格為 p_c^*，且滿足式5.18，最優生產量為 $Q_c^* = y(p_c^*, T_c^*) + z_c^*$，在其最優綠色技術投入 T_c^* 下的最大生產能力為：$Q_c^* = K/k(T_c^*)$，同時其最優碳排放權購買量為：$W_c^* = k(T_c^*)(y(p_c^*, T_c^*) + z_c^*) - K$。

得證。

命題 5.4 和命題 5.5 表明，製造企業最優生產所產生的二氧化碳（CO_2）排放量低於政府規定的碳限額時，企業的生產與定價決策不受政府規定的碳限額的影響，企業有碳排放權剩餘可能，企業可以將剩餘的碳排放權在外部碳交易市場上出售獲利。反之，當製造企業最優生產所產生的二氧化碳（CO_2）排放量高於政府規定的碳限額時，企業的生產與定價決策受到政府規定的碳限額的影響，製造企業既會進行綠色技術投入，也會購買碳排放權。

為了討論對製造企業生產與定價決策的影響，可以得到以下命題：

推論 5.7：

（1）若 $\theta(p_K^*) = w$，那麼，$p_c^* = p_K^* > p^*$；

（2）若 $\theta(p_K^*) < w$，那麼，$p_c^* > p_K^* > p^*$；

(3) 若 $\theta(p_K^*) > w$，那麼，$p_K^* > p_c^* \geqslant p^*$。

證明：

$\theta(p)$ 是關於 p 的增函數。

由前述分析可得，$\theta(p^*) = 0$，$\theta(p_c^*) = w$，因此，$p^* < p_c^*$。

(1) 若 $\theta(p_K^*) = w$，$\theta(p_c^*) = \theta(p_K^*)$，因此得到 $p_c^* = p_K^* > p^*$。

(2) 若 $\theta(p_K^*) < w$，$\theta(p_c^*) > \theta(p_K^*)$，因此得到 $p_c^* > p_K^* > p^*$。

(3) 若 $\theta(p_K^*) > w$，$\theta(p_c^*) < \theta(p_K^*)$，因此得到 $p_K^* > p_c^* \geqslant p^*$。

得證。

當 $\theta(p_K^*) > w$ 時，意味著在碳限額約束下單位碳排放權所帶來的利潤增加大於購買碳排放權的成本，製造企業願意購買碳排放權來生產更多產品。所以，在此情形下的最優銷售價格低於碳限額約束下的最優銷售價格。

當 $\theta(p_K^*) < w$ 時，碳限額約束下單位碳排放權所帶來的利潤增加小於購買碳排放權的成本，製造企業將在外部碳交易市場上出售碳排放權。所以，在此情形下的最優銷售價格高於碳限額約束下的最優銷售價格。

當 $\theta(p_K^*) = w$ 時，碳限額約束下單位碳排放權所帶來的利潤增加等於購買碳排放權的成本，因此，製造企業將不會進行碳排放權交易。所以，在此情形下的最優銷售價格等於碳限額約束下的最優銷售價格。

推論 5.7 可知，製造企業進行碳排放權交易與綠色技術投入組合決策時的最優銷售價格不低於無碳限額約束時的最優生產量，與碳限額約束時的最優銷售價格的關係取決於單位碳排放權增加產生的利潤的大小。

為了討論對製造企業的期望利潤的影響，可以得到以下命題：

推論 5.8：當 $K^* = k(T)(y(p_c^*) + z_c^*) + \dfrac{1}{w}(\pi^n(p^*, z^*) - \pi^c(p_c^*, z_c^*, T_c^*))$ 時：

(1) 若 $K > K^*$，那麼，$\pi^c(p_c^*, z_c^*, T_c^*) > \pi^n(p^*, z^*) > \pi^K(p_K^*, z_K^*)$；

(2) 若 $K = K^*$，那麼，$\pi^c(p_c^*, z_c^*, T_c^*) = \pi^n(p^*, z^*) > \pi^K(p_K^*, z_K^*)$；

(3) 若 $K < K^*$，那麼，$\pi^n(p^*, z^*) > \pi^c(p_c^*, z_c^*, T_c^*) \geqslant \pi^K(p_K^*, z_K^*)$。

證明：

由前述分析可得 $\pi^t(p_t^*, z_t^*, T^*) = \pi^n(p_t^*, z_t^*) - (c(T) - c)\dfrac{K}{k}$

考慮 $\pi^c(p_c^*, z_c^*, T_c^*)$ 的極大值性，有：

$\pi^c(p_c^*, z_c^*, T_c^*) \geqslant \pi^n(p^*, z^*) - w(k(y(p^*) + z^*) - K)$。

若 $K \geqslant k(y(p^*) + z^*)$ 時，在此情形下，$\pi^n(p^*, z^*) = \pi^K(p_K^*, z_K^*)$，所

以，$\pi^c(p_c^*, z_c^*, T_c^*) - \pi^K(p_K^*, z_K^*) > -w(k(y(p^*)+z^*)-K) > 0$，因此，$\pi^c(p_c^*, z_c^*, T_c^*) > \pi^K(p_K^*, z_K^*)$；若 $K < k(y(p^*)+z^*)$ 時，在此情形下 $K = k(y(p_K^*)+z_K^*)$，由前述分析可知 $\pi^K(p_K^*, z_K^*) = \pi^n(p_K^*, z_K^*)$，由此可得 $\pi^c(p_c^*, z_c^*, T_c^*) - \pi^K(p_K^*, z_K^*) \geqslant -w(k(y(p_K^*)+z_K^*)-K) = 0$，所以，$\pi^c(p_c^*, z_c^*, T_c^*) = \pi^K(p_K^*, z_K^*)$。綜合可得 $\pi^c(p_c^*, z_c^*, T_c^*) \geqslant \pi^K(p_K^*, z_K^*)$。

若 $K \leqslant k(T)(y(p_c^*)+z_c^*)$，因為 $\pi^c(p_c^*, z_c^*, T_c^*) = \pi^n(p_c^*, z_c^*) - w(k(T)(y(p_c^*)+z_c^*)-K) < \pi^n(p_c^*, z_c^*) < \pi^n(p^*, z^*)$，所以 $\pi^c(p_c^*, z_c^*, T_c^*) < \pi^n(p^*, z^*)$；若 $K > k(T)(y(p_c^*)+z_c^*)$，則有 $\pi^c(p_c^*, z_c^*, T_c^*) > \pi^n(p_c^*, z_c^*) - w(k(T)(y(p_c^*)+z_c^*)-K) > \pi^n(p^*, z^*)$，即 $\pi^c(p_c^*, z_c^*, T_c^*) > \pi^n(p^*, z^*)$。

因此，根據介值定理可知，存在一個 K^*，使得 $\pi^c(p_c^*, z_c^*, T_c^*) = \pi^n(p^*, z^*)$。反解得 $K^* = k(T)(y(p_c^*)+z_c^*) + \frac{1}{w}(\pi^n(p^*, z^*) - \pi^c(p_c^*, z_c^*, T_c^*))$。

因為 $\pi(p, z)$ 是關於 K 的遞增函數，因此：
(1) 若 $K > K^*$，那麼，$\pi^c(p_c^*, z_c^*, T_c^*) > \pi^n(p^*, z^*) > \pi^K(p_K^*, z_K^*)$；
(2) 若 $K = K^*$，那麼，$\pi^c(p_c^*, z_c^*, T_c^*) = \pi^n(p^*, z^*) > \pi^K(p_K^*, z_K^*)$；
(3) 若 $K < K^*$，那麼，$\pi^n(p^*, z^*) > \pi^c(p_c^*, z_c^*, T_c^*) \geqslant \pi^K(p_K^*, z_K^*)$。
得證。

由推論 5.8 可知，製造企業進行碳排放權交易與綠色技術投入組合決策時的最大期望利潤不小於有碳限額約束時的期望利潤，是否高於無碳限額約束下的期望主要取決於政府初始碳配額的大小。

5.4 數值分析

考慮壟斷市場中一個生產單一產品的製造企業，ε 服從正態分佈 $\varepsilon \sim N(20, 4^2)$。銷售期結束時，剩餘庫存會按照殘值進行處理。同時，製造企業也會面臨缺貨損失。參數的取值如表 5-2 所示。

表 5-2　　　　　　　　　　模型參數

參數	a	b	c	r	v	k
取值	300	3	20	15	10	1

5.4.1 無碳限額約束情形

通過求解，在無碳限額約束下，製造企業的最優價格 $p^* = 56$，最優庫存因子 $z^* = 24$，最優生產量 $Q^* = 156$，$\pi^* = 7,371$。

5.4.2 碳限額約束情形

在碳限額約束下，政府規定的碳限額 $K = 100$（單位）。通過求解，在碳限額約束下，製造企業的最優價格 $p_K^* = 73$，最優庫存因子 $z_K^* = 19$，最優生產量 $Q_K^* = 100$，$\pi_K^* = 6,397$。

通過計算數據和圖 5-1 可以看到：

（1）由於政府規定的碳限額的存在，在碳限額約束情形下製造企業的最優生產量和期望利潤不會超過無碳限額約束情形下的最優生產量和期望利潤。雖然製造企業的銷售價格為 $p_K^* = 73$，比無碳限額約束情形下的銷售價格 $p^* = 56$ 高，但製造企業的期望利潤還是在下降。該結論說明，在碳限額約束情形下，製造企業的生產與定價決策因為受到政府規定的碳限額的影響，製造企業的最優生產量和期望利潤不會超過無碳限額約束情形下的最優生產量和期望利潤。其最優生產量為其最大碳限額約束時的產出（即在碳限額約束下能生產多少就生產多少）。

（2）通過圖 5-1 還可以看出，在碳限額約束情形下製造企業的期望利潤與無碳限額情形約束下的期望利潤之間的差距空間，即為企業通過碳排放權交易或綠色技術投入等決策優化可以改進的空間。

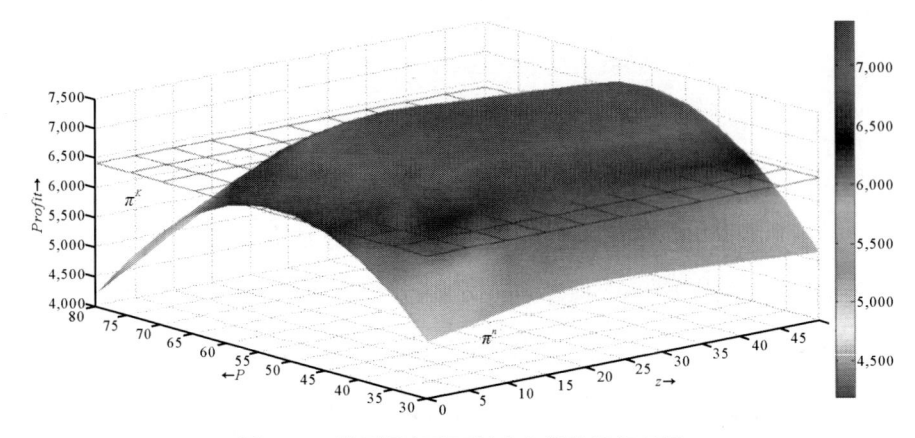

圖 5-1　碳限額情形下製造企業的期望利潤

5.4.3 碳排放權交易情形

在碳限額約束下，製造企業進行情形一的決策，即只進行碳排放交易的決策。通過表 5-3 和圖 5-2 可以看到：

（1）在碳限額約束情形下，製造企業進行碳排放權交易有助於優化製造企業生產與定價決策。可以看到，製造企業進行碳排放權交易情形下的最優生產量和期望利潤雖然小於無碳限額約束情形下的最優生產量和期望利潤，但還是高於碳限額約束情形下的最優生產量和期望利潤。最優庫存因子會保持不變。同時，最優銷售價格會高於無限額情形下的銷售價格，但低於碳限額約束情形下的銷售價格。

（2）理論上當單位碳排放權價格 w 低於製造企業單位碳排放權增加產生的邊際利潤時，製造企業將會購買碳排放權，並小幅提升產品銷售價格。此時，產品的產量、期望利潤均高於碳限額時的水平，庫存因子會略有下降。

（3）但當單位碳排放權價格 w 增高時，企業將逐步減少碳排放權購買量，生產量、碳排放權交易量和期望利潤也會隨之下降。理論上，當單位碳排放權價格 w 等於製造企業單位碳排放權增加產生的邊際利潤時，企業將停止碳排放權購買。需要說明的是，在整個過程中產品的銷售價格會不斷攀升。

表 5-3　　　　　碳排放權交易情形下主要參數變化情況

w	W	Q_e^*	p_e^*	z_e^*	π^*
10	35	135	61	19	6,882
20	24	124	65	19	6,585
30	13	113	69	19	6,491
40	1	101	73	19	6,412
50	1	101	73	19	6,340

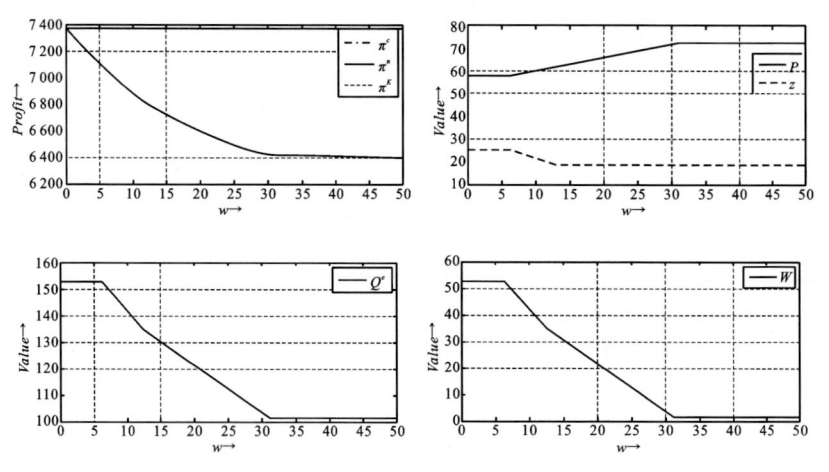

圖 5-2　碳排放權交易情形下製造企業指標變化

5.4.4　綠色技術投入情形

碳限額約束下，製造企業進行情形二的決策，即只進行綠色技術投入獲得碳排放權的節約，變相獲得額外的碳排放權。設相應函數及參數如下：

$c(T) = c + \frac{1}{2}\alpha T^2$；$c = 40$；$\alpha \in [0, 40]$；$k(T) = k - \beta T$；$\beta = [0, 0.3]$；

$y(p, T) = a - bp + \delta T$，$\delta = 30$ 表示綠色技術投入對需求的影響系數，$T \in [0, 1]$。

設 $\alpha \in [0, 40]$，$\beta = [0, 0.3]$，研究當 α 和 β 在相應區間變化對製造企業最優綠色技術投入水平、最優銷售價格、最優庫存、最優生產量、期望利潤和碳排放權剩餘量的影響變化情況見表 5-4 和圖 5-3，其中 $(\cdot) = (T^*; p_t^*; z_t^*; Q_t^*; \pi_t^*; W_t)$。

通過數值分析可以看到：

（1）在碳限額約束情形下，製造企業進行綠色技術投入有助於優化製造企業生產與定價決策。

（2）製造企業對產品進行綠色技術投入時，在其他參數恒定時，隨著綠色技術投入導致的單位產品成本增加而增加時，企業的綠色技術投入水平會降低，銷售價格會提升，庫存因子保持恒定，產量會降低，期望利潤會減少，碳排放權剩餘量會減少。

（3）製造企業對產品進行綠色技術投入時，在其他參數恒定時，隨著綠色技術降低單位碳排放水平的效果越好，企業的綠色技術投入水平保持恒定，

銷售價格保持恒定，庫存因子保持恒定，產量保持恒定，期望利潤保持恒定，碳排放權剩餘量會減少。

通過數值分析，進一步印證，碳限額與交易政策對企業的最優生產與定價均會產生影響。並且，低碳減排技術降低單位碳排放水平的效果越好，越能降低單位產品的成本，對製造企業越有利。

表 5-4　　　綠色技術投入情形下主要參數變化情況

β \ α	10	20	30	40
0.1	(1;63;25;168;8,120;51)	(0.5;63;25;153;7,713;45)	(0.4;63;25;149;7,565;43)	(0.3;63;25;145;7,482;41)
0.2	(1;63;25;168;8,120;34)	(0.5;63;25;153;7,713;37)	(0.4;63;25;149;7,565;37)	(0.3;63;25;145;7,482;37)
0.3	(1;63;25;168;8,120;17)	(0.5;63;25;153;7,713;30)	(0.4;63;25;149;7,565;32)	(0.3;63;25;145;7,482;34)
0.4	(1;63;25;168;8,120;1)	(0.5;63;25;153;7,713;22)	(0.4;63;25;149;7,565;26)	(0.3;63;25;145;7,482;30)

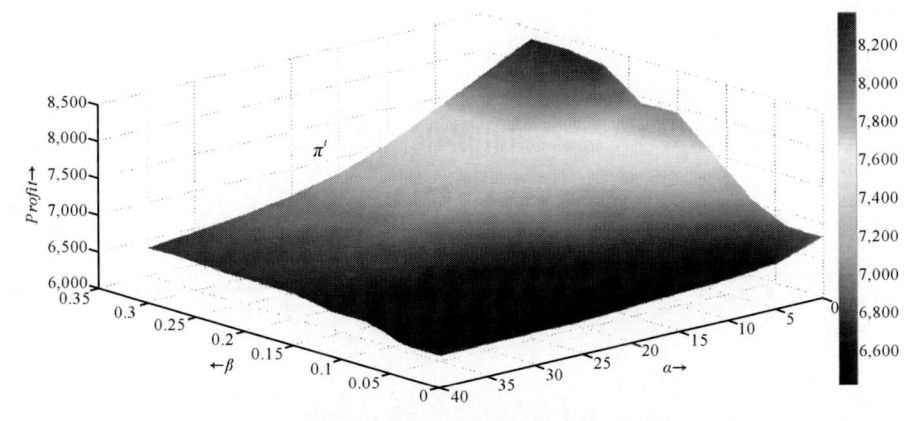

圖 5-3　　綠色技術投入情形下製造企業指標變化

5.4.5 碳排放權交易與綠色技術投入聯合決策情形

碳限額約束下，製造企業進行情形三決策，即實施碳排放權交易和綠色技術投入的組合決策。設相應函數及參數如下：

$c(T) = c + \dfrac{1}{2}\alpha T^2$; $c = 40$; $\alpha \in [0, 40]$; $k(T) = k - \beta T$; $\beta \in [0, 0.3]$;

$y(p, T) = a - bp + \delta T$, $\delta = 30$; $w \in [0, 50]$。

設 $\alpha \in [0, 40]$, $\beta \in [0, 0.3]$，研究當 α 和 β 在相應區間變化對製造企業最優綠色技術投入水平、最優銷售價格、最優庫存、最優生產量、期望利潤和碳排放權剩餘量的影響變化情況見表 5-5 和圖 5-4 至圖 5-7，其中 (·) =

$(T_c^*; p_c^*; z_c^*; Q_c^*; \pi_c^*; W_c)$。

通過數值分析可以看到：

（1）當 w 確定，即單位碳排放價格一定，隨著 α 的增加，即綠色技術投入導致的單位產品成本增加，企業的利潤會持續下降。隨著 β 增加，即綠色技術降低單位碳排放水平的效果越好，企業利潤增加越多。

（2）當 α 確定，即綠色技術投入導致的單位產品成本一定，隨著 w 的增加，即單位碳排放價格增加，企業的利潤會減少。隨著 β 的增加，即綠色技術降低單位碳排放水平的效果越好，企業的利潤會持續增加。

（3）當 β 確定，即綠色技術降低單位碳排放的水平一定，隨著 α 的增加，即綠色技術投入導致的單位產品成本增加，企業的利潤會持續下降。隨著 w 的增加，即單位碳排放價格增加，企業的利潤會增加。

表 5-5 碳排放權交易與綠色技術投入聯合情形下主要參數變化情況

w		25		50	
α β		0.15	0.3	0.15	0.3
20		(0.75;75;19;116;7,030;3.17)	(0.75;75;25;123;7,143;0)	(0.63;75;19;113;6,963;1.95)	(0.75;75;25;123;7,143;0)
40		(0.38;75;19;105;6,680;0)	(0.38;63;19;143;6,768;26)	(0.38;75;19;105;6,680;0)	(0.5;75;25;115;6,732;0)

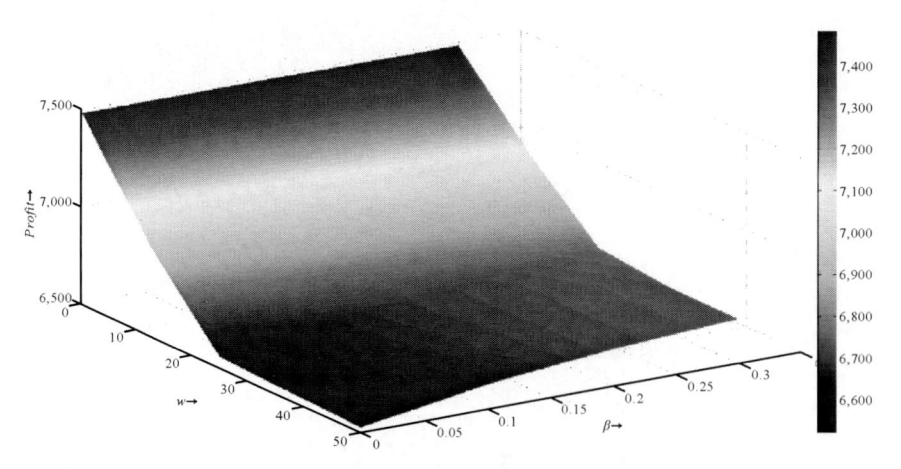

圖 5-4 碳排放權交易與綠色技術投入聯合情形下製造企業指標變化 (w; β)

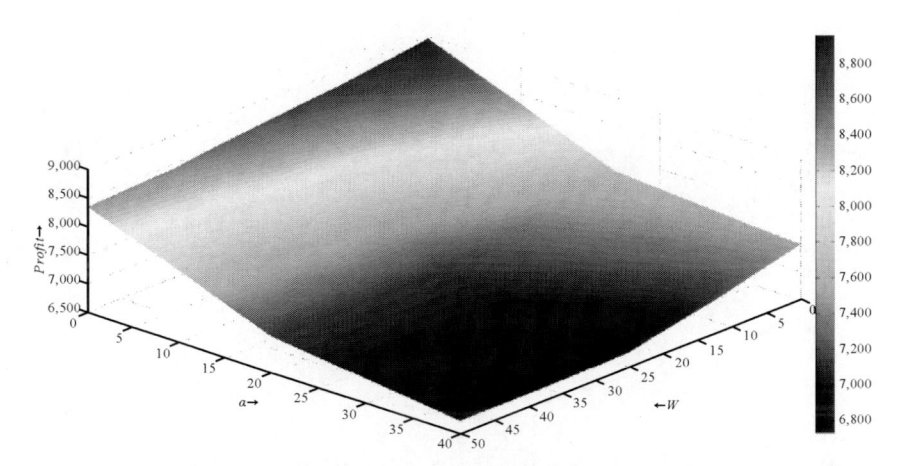

圖 5-5　碳排放權交易與綠色技術投入聯合情形下製造企業指標變化（w；α）

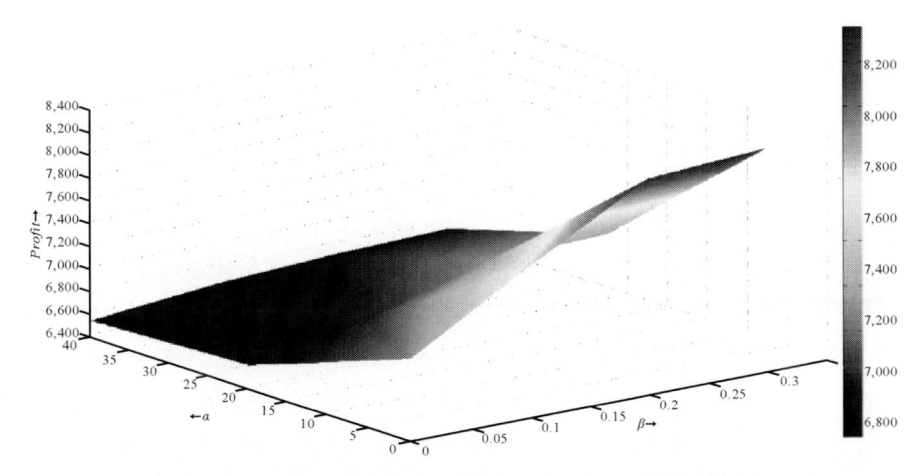

圖 5-6　碳排放權交易與綠色技術投入聯合情形下製造企業指標變化（α；β）

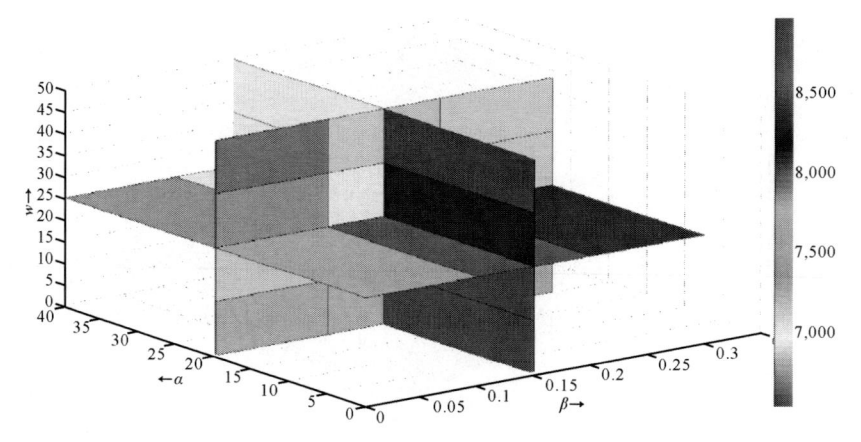

圖 5-7 碳排放權交易與綠色技術投入聯合情形下製造企業指標變化 (α; β; w)

5.5 小結

本章研究了壟斷市場中單一產品製造企業在碳限額與交易政策約束下的生產與定價決策。主要結論如下：

（1）當政府規定了碳限額時，碳限額會對製造企業的最優生產與定價決策產生影響。當製造企業最優生產所產生的碳排放量小於碳限額時，其最優生產與定價決策退化為無碳限額約束情形下的最優生產與定價決策，即碳限額對製造企業的生產與定價決策不產生約束。但當製造企業最優生產所產生的碳排放量大於碳限額時，製造企業的生產與定價決策受到政府規定的碳限額的影響，製造企業的最優生產量為 $Q_K^* = \dfrac{K}{k}$，最優銷售價格為 p_K^*。

（2）製造企業進行情形一的決策，即只考慮進行碳排放權交易決策時，存在一個使得企業期望利潤最大化的銷售價格 p_e^*，生產量 Q_e^*，且滿足條件 $\theta(p_e^*) = w$，碳排放權交易量 W_e^*。當 $\theta(p_e^*) > w$ 時，製造企業將從外部碳交易市場購買碳排放權來生產更多的產品以獲得更多的利潤。當 $\theta(p_e^*) < w$ 時，製造企業將在外部碳交易市場上出售碳排放權。在此情形下，最優銷售價格不低於無碳限額約束下的銷售價格，是否高於碳限額政策下的最優銷售價格主要取決於產品在碳限額約束下的單位碳排放權產生的利潤增加大小。同時，企業期望利潤總是高於碳限額約束下的期望利潤，是否高於無碳限額約束下的期望利潤主要取決於政府的初始碳配額量。

（3）製造企業進行情形二的決策，即只考慮進行綠色技術投入決策時，當企業最優生產所產生的二氧化碳（CO_2）排放量低於政府規定的碳限額時，此時製造企業不會進行綠色技術投入，企業的最優生產與定價決策為無碳限額約束時的最優生產與定價決策。反之，當製造企業最優生產所產生的二氧化碳（CO_2）排放量高於政府規定的碳限額時，製造企業的生產與定價決策受到政府規定的碳限額的影響，製造企業會進行綠色技術投入，最優銷售價格為 p_t^*，且滿足式 5.5，最優生產量為 $Q_t^* = \dfrac{K}{k(T_t^*)}$，最優綠色技術投入水平為 $T^* \in \Omega_z$。在此情形下，製造企業的最優銷售價格不高於碳限額約束時的銷售價格，不低於無碳限額約束下的最優銷售價格，並且適當的綠色技術投入能夠增加生產企業的期望利潤。

（4）製造企業進行情形三的決策，即實施碳排放權交易和綠色技術投入的組合決策時，存在一個使得製造企業期望利潤最大化的銷售價格 p_c^*，生產量 Q_c^*，綠色技術投入水平 T_c^*，碳排放權交易量 W_c^*，且 $\theta(p_e^*) = w$。在此情形下，製造企業的最優銷售價格不低於無碳限額約束時的最優生產量，與碳限額約束時的最優銷售價格的關係取決於單位碳排放權增加產生的利潤的大小。同時，企業的最大期望利潤不小於有碳限額約束時的期望利潤，是否高於無碳限額約束下的期望主要取決於政府初始碳配額的大小。

6 考慮碳限額與交易政策的製造企業兩產品生產與定價決策

本章在第五章的基礎上，研究兩產品製造企業在碳限額與交易政策約束下的生產與定價決策。

6.1 問題描述與假設

在一個壟斷市場中，假設市場上有一個製造企業和兩個消費群體。銷售期結束時，剩餘庫存會按照殘值進行處理。同時，製造企業也會面臨缺貨損失。在碳限額與交易政策約束下，政府規定了一個最大的碳排放量，即碳限額 $K(K>0)$。

為了表述方便，模型中符號的含義如表 6-1 所示。

表 6-1　　　　　　　　　　模型中符號的含義

參數	參數含義
Q_1 和 Q_2	產品 1 和產品 2 的產量
r_1 和 r_2	每單位產品 1 和產品 2 的缺貨機會成本
v_1 和 v_2	每單位產品 1 和產品 2 在銷售期末的殘值
K	政府規定的最大碳排放量
W	在外部碳交易市場的交易量
w	每單位碳排放權價格
z	無風險庫存因子，即期望市場需求與生產量的偏差

表6-1(續)

參數	參數含義
p_1 和 p_2	產品1和產品2的價格水平
T	製造企業綠色技術投入水平
c_1 和 c_2	未進行綠色技術投入時，每單位產品1和產品2的生產成本
$c_1(T)$ 和 $c_2(T)$	進行綠色技術投入後，每單位產品1和產品2的生產成本
k_1 和 k_2	未進行綠色技術投入時，每單位產品1和產品2的碳排放量
$k_1(T)$ 和 $k_2(T)$	進行綠色技術投入後，每單位產品1和產品2的碳排放量

在本章中，上述參數必須滿足某些條件，才能使建立的模型有實際意義，所以本章假設：

(1) $p_i \geq c_i > v_i > 0$，其中 $i = 1, 2$。一方面，這個條件說明每個在消費者市場上出售的產品都將會為製造企業帶來利潤的增長；另一方面，若有一個產品未售出，那麼製造企業將會受到利潤上的損失。

(2) 該模型的需求函數為 $D_i(p_i, \varepsilon_i) = y(p_i) + \varepsilon_i (a_i, b_i, \geq 0, D_i > 0)$，$y_i(p_i) = a_i - b_i p_i (a_i > 0, b_i > 0)$，其中 D_i 為市場需求，$y_i(p_i)$ 為描述需求是價格的減函數，a_i 表示市場潛在需求，b_i 表示價格對需求的敏感系數，ε_i 為需求的偏差。

(3) 假設製造企業必須維持正常生產且是理性的，會權衡碳排放權交易和進行綠色技術投入所帶來的收益與成本。

(4) 我們考慮製造企業可以通過其綠色技術投入來減少碳排放量。綠色技術投入成本 $c_i(T)$，它是連續可微的，隨綠色技術投入水平 T 的上升而加速上升，T 的取值範圍為0到1，如圖3-1所示，$c_i'(T) > 0$，$c_i''(T) > 0$，$c_i(0) = c_i$。$k_i(T)$ 為企業進行綠色技術投入時單位產品的碳排放量，$k_i'(T) < 0$，$k_i''(T) \geq 0$，且 $k_i(0) = k_i$。

(5) 在製造企業進行綠色技術投入時，令 $Q_i = y(p_i, T_i) + z_i$，$D_i = y(p_i, T_i) + \varepsilon_i$，$y(p, T) = a_i - bp_i + \delta_i T_i$，$\varepsilon_i$ 為 $[0, A]$ 上的隨機變量，其累積分佈函數為 $F(\cdot)$，δ_i 表示綠色技術投入對需求的影響系數。

(6) 令 $\theta_i(p_i) = -\dfrac{1}{b_i k_i(T_i)} \dfrac{d\pi(p, z)_{p_i}}{dp_i}$ 為製造企業產品 i，$i = 1, 2$ 的單位碳排放權所帶來的製造企業期望利潤增加。且當 $T_i = 0$；$i = 1, 2$ 時，$\theta_i(p_i)$ 退

化為：

$$\theta_i(p_i) = -\frac{1}{b_i k_i} \frac{d\pi(p, z)_{p_i}}{dp_i}; \quad i = 1, 2; \quad 其中 p = (p_1, p_2), z = (z_1, z_2)。$$

6.2 基礎模型

在無碳限額約束時，在生產期開始時，兩種產品的生產量分別為 Q_1 和 Q_2，生產成本分別為 $c_1 Q_1$ 和 $c_2 Q_2$，剩餘產品以單位成本 v_1 和 v_2 處理，單位懲罰成本分別為 r_1 和 r_2。製造企業生產第 i 種產品的期望利潤函數為：

$$\pi^n(p_i, q_i) = p_i \min(q_i, D_i) + v(q_i - D_i)^+ - r(D_i - q_i)^+ - c_i q_i \tag{6.1}$$

參照第五章基礎模型可得，當製造企業生產兩種產品時，企業總的期望利潤函數為：

$$\pi^n(p, z) = \sum_{i=1}^{2} \pi^n(p_i, z_i) = \\ \sum_{i=1}^{2} \left((p_i + r_i - c_i)(y(p_i) + z_i) - (p_i + r_i - v_i) \int_0^{z_i} F_i(x) dx - r_i \mu_i \right) \tag{6.2}$$

其中，$p = (p_1, p_2)$，$z = (z_1, z_2)$。

製造企業在此情況下的決策目標在於最大化期望利潤。

$\pi^n(p, z)$ 關於 p_i 的一階導為：

$$\frac{\partial \pi^n(p, z)_{p_i}}{\partial p_i} = y(p_i) + z_i - b_i(p_i + r_i - c_i) - \int_0^{z_i} F_i(x) dx$$

$\pi^n(p, z)$ 關於 p_i 的二階導為：

$$\frac{\partial^2 \pi^n(p, z)_{p_i}}{\partial p_i^2} = -2b_i < 0$$

所以 $\pi^n(p, z)$ 是關於 p_i 的凸函數，則根據其一階最優條件可得存在唯一最優銷售價格 p_i^*，其滿足：

$$\left. \frac{\partial \pi^n(p, z)}{\partial p} \right|_{p_i^*} = 0 \text{ 或者 } p_i^*(z_i) = \frac{a_i - b_i(r_i - c_i) + z_i - \int_0^{z_i} F_i(x) dx}{2b_i}$$

將 $p_i^*(z)$ 代入 $\pi^n(p, z)$ 中得：

$$\pi^n(p, z)_{p_i^*(z)} =$$

$$(p_i^*(z_i) + r_i - c_i)(y(p_i^*(z_i)) + z_i) - (p_i^*(z_i) + r_i - v_i)\int_0^{z_i} F_i(x)dx -$$

$$r_i\mu_i + \pi^n(p_j, z_j)$$

$$\frac{\partial \pi^n(p, z)_{p_i^*(z)}}{\partial z_i} =$$

$$\left(a_i + z_i - 2b_i p_i^*(z_i) - b_i(r_i - c_i) - \int_0^{z_i} F_i(x)dx\right)\frac{\partial p_i^*(z_i)}{\partial z_i} + (p_i^*(z_i) + r_i - c_i)$$

$$- (p_i^*(z_i) + r_i - v_i)F_i(z_i)$$

$$\frac{\partial^2 \pi^n(p, z)_{p_i^*(z)}}{\partial z_i^2} =$$

$$\left(a_i + z_i - 2b_i p_i^*(z_i) - b_i(r_i - c_i) - \int_0^{z_i} F_i(x_i)dx\right)\frac{\partial^2 p_i^*(z_i)}{\partial z_i^2} +$$

$$\left(2 - 2b_i\frac{\partial p_i^*(z_i)}{\partial z_i} + 2F_i(z_i)\right)\frac{\partial p_i^*(z_i)}{\partial z_i} - (p_i^*(z_i) + r_i - v_i)f_i(z_i)$$

又因為：

$$\frac{\partial p_i^*(z_i)}{\partial z_i} = \frac{1}{2b_i}(1 - F_i(z_i)) \; ; \; \frac{\partial^2 p_i^*(z_i)}{\partial z_i^2} = -\frac{1}{2b_i}f_i(z_i)$$

所以：

$$\frac{\partial \pi^n(p, z)_{p_i^*(z)}}{\partial z_i} = (p_i^*(z_i) + r_i - c_i) - (p_i^*(z_i) + r_i - v_i)F_i(z_i)$$

$$\frac{\partial^2 \pi^n(p, z)_{p_i^*(z)}}{\partial z_i^2} = \frac{1}{2b_i}((1 - F_i(z_i))^2 + (p_i^*(z_i) + r_i - v_i)f_i(z_i))$$

假設存在 z_i^* 使得 $\dfrac{\partial \pi^n(p, z)_{p_i^*(z_i^*)}}{\partial z_i} = 0$，則：$\dfrac{\partial^2 \pi^n(p, z)_{p_i^*(z_i^*)}}{\partial z_i^2} > 0$

所以 z_i^* 是最小期望庫存量。此時，製造企業的最優生產組合為：
$Q_i^* = y(p_i^*) + z_i^*$；$i = 1, 2$。

當政府規定了一個最大的碳排放量，即碳限額 $K(K > 0)$ 時，製造企業在進行生產活動時產生的碳排放量不能超過政府規定的這一強制限額。

製造企業在此情形下的期望利潤函數為：

$$\begin{cases} \pi^K(p_K, z_K) = \\ \sum_{i=1}^{2}\left((p_i + r_i - c_i)(y(p_i) + z_i) - (p_i + r_i - v_i)\int_0^{z_i}F_i(x)dx - r_i\mu_i\right) \\ s.\ t.\ \ \sum_{i=1}^{2}k_i(y(p_i) + z_i) \leq K \end{cases}$$

(6.3)

其中，$p_K = (p_1, p_2)$，$z_K = (z_1, z_2)$。

製造企業在此情況下的決策目標在於最大化期望利潤。

命題 6.1：當政府規定了碳限額 $K(K > 0)$ 時，使製造企業期望利潤最大化的最優銷售價格組合存在且唯一，且：①當 $K \geq \sum_{i=1}^{2}k_i(y(p_i) + z_i)$ 時，那麼 $p_{iK}^* = p_i^*$；$i = 1, 2$。②如果 $K < \sum_{i=1}^{2}k_i(y(p_i) + z_i)$，那麼 p_{1K}^* 與 p_{2K}^* 滿足 $K = \sum_{i=1}^{2}k_i(y(p_i) + z_i)$ 與 $\theta_1(p_{1K}^*) = \theta_2(p_{2K}^*)$。

證明：

構造拉格朗日函數：

$$L^K(p_K, z_K, \lambda) =$$

$$\sum_{i=1}^{2}\left((p_i + r_i - c_i)(y(p_i) + z_i) - (p_i + r_i - v_i)\int_0^{z_i}F_i(x)dx - r_i\mu_i\right)$$

$$+ \lambda\left(K - \sum_{i=1}^{2}k_i(y(p_i) + z_i)\right)$$

則其 K - T 條件為：

（條件 6.1）

$$\frac{\partial L^K(p_K, z_K, \lambda)_{p_i}}{\partial p_i} = y(p_i) + z_i - b_i(p_i + r_i - c_i) - \int_0^{z_i}F_i(x)dx + \lambda k_i b_i \leq 0,$$

$p_i \geq 0$，$p_i \dfrac{\partial L^K(p_K, z_K)_{p_i}}{\partial p_i} = 0$；

（條件 6.2）

$$\frac{\partial L^K(p_K, z_K, \lambda)_{z_i}}{\partial z_i} = (p_i + r_i - c_i) - (p_i + r_i - v_i)F_i(z_i) - \lambda k_i \leq 0,\ z_i \geq 0,$$

$z_i \dfrac{\partial L^K(p_K, z_K)_{z_i}}{\partial z_i} = 0$；

（條件 6.3）

$$\frac{\partial L^K(p_K, z_K, \lambda)_\lambda}{\partial \lambda} = K - \sum_{i=1}^{2}k_i(y(p_i) + z_i) \geq 0, \lambda \geq 0, \lambda\frac{\partial L^K(p_K, z_K)_\lambda}{\partial \lambda_i} = 0。$$

（1）由上述條件可知 $\lambda = 0$。則上述 $K - T$ 條件可轉化為：

$$\begin{cases} y(p_1) + z_1 - b_1(p_1 + r_1 - c_1) - \int_0^{z_1} F_1(x)dx = 0 \\ y(p_2) + z_2 - b_2(p_2 + r_2 - c_2) - \int_0^{z_2} F_2(x)dx = 0 \\ (p_1 + r_1 - c_1) - (p_1 + r_1 - v_1)F_1(z_1) = 0 \\ (p_2 + r_2 - c_2) - (p_2 + r_2 - v_2)F_2(z_2) = 0 \end{cases}$$

因為，該問題是凹規劃，因此存在 p_{1K}^*、p_{2K}^*、z_{1K}^*、z_{2K}^* 使得以上方程組成立。

$$\begin{cases} p_{1K}^* = -\dfrac{(B_1 - 1)r_1 - B_1v_1 + c_1}{B_1 - 1} \\ p_{2K}^* = -\dfrac{(B_2 - 1)r_2 - B_2v_2 + c_2}{B_2 - 1} \\ z_{1K}^* = -a_1 + A_1 - \dfrac{2b_1((B_1 - 1)r_1 - B_1v_1 + c_1)}{B_1 - 1} - b_1c_1 + b_1r_1 \\ z_{2K}^* = -a_2 + A_2 - \dfrac{2b_2((B_2 - 1)r_2 - B_2v_2 + c_2)}{B_2 - 1} - b_2c_2 + b_2r_2 \end{cases} \quad (6.2)$$

其中 $A_1 = \int_0^{z_{1K}^*} F_1(x)dx$，$B_1 = F_1(z_{1K}^*)$，$A_2 = \int_0^{z_{2K}^*} F_2(x)dx$，$B_2 = F_2(z_{2K}^*)$。

在此情況下，每個品類產品 i 的最優生產組合為 $Q_{iK}^* = y(p_{iK}^*) + z_{iK}^*$；$i = 1, 2$，最優銷售價格和庫存因子如式 6.2。由於此時，$\lambda = 0$，因此碳限額對製造企業不起約束作用，即 $K \geq \sum_{i=1}^{2} k_i(y(p_i) + z_i)$，製造企業的最優生產與定價退化為無碳限額約束時的最優生產與定價。

（2）由上述條件可知 $\lambda \neq 0$。則上述 $K - T$ 條件可轉化為：

$$\begin{cases} y(p_i) + z_i - b_i(p_i + r_i - c_i) - \int_0^{z_i} F_i(x)dx + \lambda k_i b_i = 0; \ i = 1, 2 \\ (p_i + r_i - c_i) - (p_i + r_i - v_i)F_i(z_i) - \lambda k_i = 0; \ i = 1, 2 \\ K - \sum_{i=1}^{2} k_i(y(p_i) + z_i) = 0 \end{cases}$$

因為該問題是凹規劃，因此存在 p_{1K}^*、p_{2K}^*、z_{1K}^*、z_{2K}^*、λ_K^* 使得以上方程組成立。

$$\begin{cases}
p_{1K}^* = \dfrac{\begin{array}{l}k_1(B_2(-A_2k_2+b_2k_2(c_2-v_2)+K)+A_2k_2-K)-\\(B_2-1)k_1^2(A_1+b_1B_1(r_1-v_1))+b_2B_2k_2^2(-(B_1-1)r_1+B_1v_1-c_1)\end{array}}{b_1B_1(B_2-1)k_1^2+b_2(B_1-1)B_2k_2^2}\\[2ex]
p_{2K}^* = \dfrac{\begin{array}{l}(B_1-1)k_2(-A_1k_1-A_2k_2-b_2B_2k_2r_2+b_2B_2k_2v_2+K)+\\b_1B_1k_1(-B_2k_1r_2+B_2k_1v_2-c_2k_1+c_1k_2+k_1r_2-k_2v_1)\end{array}}{b_1B_1(B_2-1)k_1^2+b_2(B_1-1)B_2k_2^2}\\[2ex]
z_{1K}^* = \dfrac{b_1\begin{pmatrix}(B_2-1)k_1^2(-(a_1B_1+A_1))+(B_1+1)k_1(B_2(-A_2k_2+b_2k_2(c_2-v_2)+K)+A_2k_2-K)\\-b_2B_2k_2^2((B_1+1)c_1+(B_1-1)r_1-2B_1v_1)\end{pmatrix}-\\b_2(B_1-1)B_2k_2^2(a_1-A_1)-b_1^2B_1(B_2-1)k_1^2(r_1-v_1)}{b_1B_1(B_2-1)k_1^2+b_2(B_1-1)B_2k_2^2}\\[2ex]
z_{2K}^* = \dfrac{\begin{array}{l}a_2(-b_1B_1(B_2-1)k_1^2-b_2(B_1-1)B_2k_2^2)-\\b_2\begin{pmatrix}(B_1-1)k_2\begin{pmatrix}B_2(A_1k_1+b_2k_2(r_2-v_2)-K)+\\A_1k_1-K\end{pmatrix}+\\b_1B_1k_1((B_2+1)c_2k_1-(B_2+1)c_1k_2+B_2k_1r_2-2B_2k_1v_2+B_2k_2v_1-k_1r_2+k_2v_1)\end{pmatrix}+\\A_2(b_1B_1(B_2-1)k_1^2-b_2(B_1-1)k_2^2)\end{array}}{b_1B_1(B_2-1)k_1^2+b_2(B_1-1)B_2k_2^2}\\[2ex]
\lambda_K^* = \dfrac{\begin{array}{l}B_2(-A_1k_1-A_2k_2+b_2c_2k_2-b_2k_2v_2+K)+\\B_1\begin{pmatrix}B_2(A_1k_1+A_2k_2+b_1k_1(v_1-c_1)-b_2c_2k_2+b_2k_2v_2-K)\\-A_1k_1-A_2k_2+b_1c_1k_1-b_1k_1v_1+K\end{pmatrix}+A_1k_1+A_2k_2-K\end{array}}{b_1B_1(B_2-1)k_1^2+b_2(B_1-1)B_2k_2^2}
\end{cases}$$

(6.3)

其中 $A_1 = \int_0^{z_{1K}^*} F_1(x)dx$，$B_1 = F_1(z_{1K}^*)$，$A_2 = \int_0^{z_{2K}^*} F_2(x)dx$，$B_2 = F_2(z_{2K}^*)$。

在此情況下，每個品類產品 i 的最優生產組合為 $Q_{iK}^* = y(p_{iK}^*) + z_{iK}^*$；$i=1$，2，最優銷售價格和庫存因子如式6.3。由於此時，$\lambda > 0$，即 $K < \sum_{i=1}^{2} k_i(y(p_i) + z_i)$，因此碳限額對製造企業起到約束作用。

製造企業生產兩種產品，$\theta_1(p_{1K}^*) = \theta_2(p_{2K}^*)$ 表示產品1與產品2的單位碳排放權產生的利潤必須相等；否則製造企業可以通過多生產產品1或者產品2以獲得更高的期望利潤。

得證。

命題6.1表明，由於政府規定的碳限額存在，兩產品製造企業的生產與定

價決策會受到碳限額的影響。當 $K \geq \sum_{i=1}^{2} k_i(y(p_i) + z_i)$ 時，即政府規定的初始碳限額指標過高，高於製造企業在無碳限額情形下最優生產時產生的二氧化碳（CO_2）排放量，企業的最優生產與定價決策退化為無碳限額約束時的最優生產與定價決策，此時，有碳排放權剩餘。當 $K < \sum_{i=1}^{2} k_i(y(p_i) + z_i)$ 時，製造企業的生產與定價決策受到政府規定的碳限額的約束，此時，無碳排放權剩餘。

為了討論碳限額對製造企業生產與定價決策的影響，有如下推論：

推論6.1：在碳限額約束下，製造企業的最優銷售價格 $p_{1K}^* \geq p_1^*$，$p_{2K}^* \geq p_2^*$。

證明：

構造拉格朗日因子 $\varphi \geq 0$，由式6.1約束條件可得：

$$\begin{cases} k_1(a_1 - b_1 p_1 + z_1) + k_2(a_2 - b_2 p_2 + z_2) - K \leq 0 \\ \varphi(k_1(a_1 - b_1 p_1 + z_1) + k_2(a_2 - b_2 p_2 + z_2) - K) = 0 \\ a_1 - 2b_1 p_1 + z_1 - b_1(r_1 - c_1) - \int_0^{z_1} F(x)dx - \varphi k_1 b_1 = 0 \\ a_2 - 2b_2 p_2 + z_2 - b_2(r_2 - c_2) - \int_0^{z_2} F(x)dx - \varphi k_2 b_2 = 0 \end{cases}$$

當 $\varphi = 0$ 時，$k_1(a_1 - b_1 p_1 + z_1) + k_2(a_2 - b_2 p_2 + z_2) \leq K$，可得：

$$\frac{\partial \pi^n(p_K, z_K)_{p.}}{\partial p_1} = 0, \frac{\partial \pi^n(p_K, z_K)_{p.}}{\partial p_2} = 0$$

因此，可以得到：$p_{1K}^* = p_1^*$，$p_{2K}^* = p_2^*$，此時，$K \leq \sum_{i=1}^{2} k_i Q_{iK}^*$。

當 $\varphi \geq 0$ 時，$k_1(a_1 - b_1 p_1 + z_1) + k_2(a_2 - b_2 p_2 + z_2) = K$，可得：

$$\frac{\partial \pi^n(p_K, z_K)_{p.}}{\partial p_1} = a_1 - 2b_1 p_1 + z_1 - b_1(r_1 - c_1) - \int_0^{z_1} F(x)dx = \varphi k_1 b_1 > 0$$

$$\frac{\partial \pi^n(p_K, z_K)_{p.}}{\partial p_2} = a_2 - 2b_2 p_2 + z_2 - b_2(r_2 - c_2) - \int_0^{z_2} F(x)dx = \varphi k_2 b_2 > 0$$

因此：$p_{1K}^* > p_1^*$，$p_{2K}^* > p_2^*$。

綜上所述，在碳限額約束下，製造企業的最優銷售價格 $p_{1K}^* \geq p_1^*$，$p_{2K}^* \geq p_2^*$。

得證。

推論6.1表明在碳限額約束下，製造企業的最優銷售價格不低於無碳限額約束下的最優銷售價格。

為了討論碳限額對製造企業期望利潤的影響，有如下推論：

推論6.2：在碳限額約束下，製造企業的期望利潤：

$$\pi^K(p_K^*, z_K^*) = \begin{cases} \pi^n(p^*, z^*) & K \geqslant \sum_{i=1}^{2} k_i(y(p_i) + z_i) \\ \pi^n(p_K^*, z_K^*) & K < \sum_{i=1}^{2} k_i(y(p_i) + z_i) \end{cases} \text{且 } \pi^K(p_K^*, z_K^*) \leqslant \pi^n(p^*, z^*)。$$

證明：

由命題 6.1 和推論 6.1 可得：

當 $K \geqslant \sum_{i=1}^{2} k_i(y(p_i) + z_i)$ 時，那麼 $p_{1K}^* = p_1^*$，$p_{2K}^* = p_2^*$，由此可以得到：
$\pi^K(p_K^*, z_K^*) = \pi^n(p^*, z^*)$。

當 $k_1Q_1^* + k_2Q_2^* > K$ 時，那麼 $p_{1K}^* > p_1^*$，$p_K^* > p^*$，由此可以得到：
$\pi^K(p_K^*, z_K^*) = \pi^n(p_K^*, z_K^*) < \pi^n(p^*, z^*)$。

綜上可得，製造企業在碳限額約束下的期望利潤 $\pi^K(p_K^*, z_K^*) \leqslant \pi^n(p^*, z^*)$。

得證。

推論 6.2 表明，在碳限額約束下，製造企業的期望利潤不高於在無碳限額約束下的期望利潤。

6.3 拓展模型

製造企業生產兩種產品：產品 1 和產品 2。在製造企業生產資源和碳限額因素的雙重約束下，製造企業將尋求最優的產品生產與定價組合。本部分依然將分三種情形討論在碳限額約束下，製造企業的生產與定價決策。

6.3.1 情形一：進行碳排放權交易決策

情形一是在碳限額約束下，製造企業無法同時最優化生產所有品類的產品，將只進行碳排放交易的決策。其中 W 為外部碳交易市場上的碳排放權交易量，w 為單位碳排放權的價格。

製造企業在此情形下的期望利潤函數為：

$$\begin{cases} \pi^e(p_e, z_e) = \\ \sum_{i=1}^{2} \left((p_i + r_i - c_i)(y(p_i) + z_i) - (p_i + r_i - v_i) \int_0^{z_i} F_i(x) dx - r_i \mu_i \right) - wW \\ s.t. \quad \sum_{i=1}^{2} k_i(y(p_i) + z_i) = K + W \end{cases}$$

(6.4)

其中，$p_e = (Q_1, Q_2)$；$z_e = (z_1, z_2)$。

製造企業在此情況下的決策目標在於最大化期望利潤。

$\sum_{i=1}^{2} k_i (y(p_i) + z_i) = K + W$ 意味著製造企業的總碳排放量必須等於政府的初始碳排放配額與外部碳交易市場碳排放交易數量之和。

當 $W > 0$ 時，意味著製造企業將從外部碳交易市場購買碳排放配額；

當 $W = 0$ 時，意味著製造企業將不會在外部碳交易市場上進行碳排放權交易；

當 $W < 0$ 時，意味著製造企業將在外部碳交易市場上售出使用不完的配額。

命題 6.2：製造企業進行碳排放交易的決策，使製造企業期望利潤最大化的最優銷售價格組合和最優生產組合存在且唯一，最優銷售價格組合為：

$$p_{ie}^*(z_e) = \frac{a_i - b_i(r_i - c_i) + z_i - \int_0^{z_i} F(x)dx + b_i k_i w_i}{2b}; \quad i = 1, 2, \text{ 且滿足}$$

$\theta_1(p_1^*) = \theta_2(p_2^*) = w$，最優生產組合為 $Q_{ie}^* = y(p_{ie}^*) + z_{ie}^*$；$i = 1, 2$，碳排放權交易量 $W_e = \sum_{i=1}^{2} k_i(y(p_i) + z_i) - K$。

證明：

由式 6.4 可知，$W = \sum_{i=1}^{2} k_i(y(p_i) + z_i) - K$，因此期望利潤函數變為：

$\pi^e(p_e, z_e) =$

$\sum_{i=1}^{2} \left((p_i + r_i - c_i)(y(p_i) + z_i) - (p_i + r_i - v_i) \int_0^{z_i} F_i(x)dx - r_i \mu_i \right) -$

$w \left(\sum_{i=1}^{2} k_i(y(p_i) + z_i) - K \right)$

$\pi^e(p_e, z_e)$ 關於 p_i 的一階偏導為：

$\dfrac{\partial \pi^e(p_e, z_e)_{p_i}}{\partial p_1} = y(p_1) + z_1 - b_1(p_1 + r_1 - c_1) - \int_0^{z_1} F(x)dx + b_1 k_1 w$

$\dfrac{\partial \pi^e(p_e, z_e)_{p_i}}{\partial p_2} = y(p_2) + z_2 - b_2(p_2 + r_2 - c_2) - \int_0^{z_2} F(x)dx + b_2 k_2 w$

$\pi^e(p_e, z_e)$ 關於 p_i 的二階偏導為：

$\dfrac{\partial^2 \pi^e(p_e, z_e)_{p_i}}{\partial p_1^2} = -2b_1 < 0$

$\dfrac{\partial^2 \pi^e(p_e, z_e)_{p_i}}{\partial p^2} = -2b_2 < 0$

$$\frac{\partial^2 \pi^e (p_e, z_e)_{p_i}}{\partial p_1 \partial p_2} = \frac{\partial^2 \pi^e (p_e, z_e)_{p_i}}{\partial p_2 \partial p_1} = 0$$

進一步得海森矩陣：

$$\begin{vmatrix} \dfrac{\partial^2 \pi^e (p_e, z_e)_{p_i}}{\partial p_1^2} & \dfrac{\partial^2 \pi^e (p_e, z_e)_{p_i}}{\partial p_1 \partial p_2} \\ \dfrac{\partial^2 \pi^e (p_e, z_e)_{p_i}}{\partial p_2 \partial p_1} & \dfrac{\partial^2 \pi^e (p_e, z_e)_{p_i}}{\partial p_2^2} \end{vmatrix} = 4b_1 b_2 > 0$$

所以 $\pi^e(p_e, z_e)$ 是關於 p_i 的凹函數，則根據其一階最優條件可得存在唯一最優銷售價格 p_{ie}^*，其滿足：

$$\left. \frac{\partial \pi^e(p_e^*, z_e)}{\partial p} \right|_{p_i^*} = 0 \text{ 或者：}$$

$$p_{ie}^*(z_e) = \frac{a_i - b_i(r_i - c_i) + z_i - \int_0^{z_i} F(x)dx + b_i k_i w_i}{2b} ; \quad i = 1, 2$$

將 $p_i^*(z_e)$ 代入 $\pi^e(p_e, z_e)$ 中得：

$\pi^e(p_e(z), z_e)_{p_i^*(z)} =$

$(p_{1e}^*(z_1) + r_1 - c_1)(y(p_{1e}^*(z_1)) + z_1) - (p_{1e}^*(z_1) + r_1 - v_1) \int_0^{z_1} F(x)dx - r_1 \mu_1 +$

$(p_{2e}^*(z_2) + r_2 - c_2)(y(p_{2e}^*(z_2)) + z_2) - (p_{2e}^*(z_2) + r_2 - v_2) \int_0^{z_2} F(x)dx - r_2 \mu_2 -$

$w((k_1(y(p_{1e}^*(z_1)) + z_1) + k_2(y(p_{2e}^*(z_2)) + z_2)) - K)$

$$\frac{\partial \pi^e(p_e(z), z_e)_{p_i^*(z)}}{\partial z_i} =$$

$\left(a_i + z_i - 2b_i p_i^*(z_i) - b_i(r_i - c_i) - \int_0^{z_i} F_i(x)dx \right) \dfrac{\partial p_i^*(z_i)}{\partial z_i} + (p_i^*(z_i) + r_i - c_i) -$

$(p_i^*(z_i) + r_i - v_i) F_i(z_i) - wk_i \left(1 - b_i \dfrac{\partial p_e^*(z_i)}{\partial z_i} \right)$

$$\frac{\partial^2 \pi^e(p_e, z_e)_{p_i^*(z)}}{\partial z_i^2} =$$

$\left(a_i + z_i - 2b_i p_i^*(z_i) - b_i(r_i - c_i) - \int_0^{z_i} F_i(x_i)dx \right) \dfrac{\partial^2 p_i^*(z_i)}{\partial z_i^2} +$

$\left(2 - 2b_i \dfrac{\partial p_i^*(z_i)}{\partial z_i} + 2F_i(z_i) \right) \dfrac{\partial p_i^*(z_i)}{\partial z_i} - (p_i^*(z_i) + r_i - v_i) f_i(z_i) + wk_i b_i \dfrac{\partial^2 p_e^*(z_i)}{\partial z_i^2}$

又因為：

$$\frac{\partial p_i^*(z_i)}{\partial z_i} = \frac{1}{2b_i}(1 - F_i(z_i)) \; ; \; \frac{\partial^2 p_i^*(z_i)}{\partial z_i^2} = -\frac{1}{2b_i}f_i(z_i)$$

所以：

$$\frac{\partial \pi^e(p_e, z_e)_{p_i^*(z)}}{\partial z_i} = \left(p_i^*(z_i) + r_i - c_i - \frac{wk}{2}\right) - \left(p_i^*(z_i) + r_i - v_i - \frac{wk}{2}\right)F_i(z_i)$$

$$\frac{\partial^2 \pi^e(p_e, z_e)_{p_i^*(z)}}{\partial z_i^2} = \frac{1}{2b_i}((1 - F_i(z_i))^2 + (p_i^*(z_i) + r_i - v_i - wk)f_i(z_i))$$

假設存在 z_i^* 使得 $\dfrac{\partial \pi^e(p_e, z_e)_{p_i^*(z_i^*)}}{\partial z_i} = 0$，則：$\dfrac{\partial^2 \pi^e(p_e, z_e)_{p_i^*(z_i^*)}}{\partial z_i^2} > 0$

所以 z_i^*；$i = 1, 2$ 是最小期望庫存量。此時，製造企業的最優生產量分別為：

$Q_i^* = y(p_i^*) + z_i^*$；$i = 1, 2$。

綜上所述，製造企業最優銷售價格組合 $p_{ie}^*(z_e^*) =$

$$\frac{a_i - b_i(r_i - c_i) + z_i^* - \int_0^{z_i^*}F(x)dx + b_i k_i w_i}{2b}$$；$i = 1, 2$，最優生產組合 $Q_{ie}^* =$

$y(p_{ie}^*) + z_{ie}^*$；$i = 1, 2$，最優綠色技術投入水平 T_i^*；$i = 1, 2$。

因為：

$$\frac{\partial \pi^e(p_e, z_e)_{p_i}}{\partial p_1} = y(p_1) + z_1 - b_1(p_1 + r_1 - c_1) - \int_0^{z_1}F(x)dx + b_1 k_1 w$$

$$\frac{\partial \pi^e(p_e, z_e)_{p_i}}{\partial p_2} = y(p_2) + z_2 - b_2(p_2 + r_2 - c_2) - \int_0^{z_2}F(x)dx + b_2 k_2 w$$

令 $\dfrac{\partial \pi^e(p_e, z_e)_{p_i}}{\partial p_1} = 0$，可以得出：

$$\frac{\partial \pi^e(p_e, z_e)_{p_i}}{\partial p_1} = y(p_1) + z_1 - b_1(p_1 + r_1 - c_1) - \int_0^{z_1}F(x)dx = -b_1 k_1 w$$，由此可

得 $\theta_1(p_{1e}^*) = w$；

令 $\dfrac{\partial \pi^e(p_e, z_e)_{p_i}}{\partial p_2} = 0$，可以得出：

$$\frac{\partial \pi^e(p_e, z_e)_{p_i}}{\partial p_2} = y(p_2) + z_2 - b_2(p_2 + r_2 - c_2) - \int_0^{z_2}F(x)dx = -b_2 k_2 w$$，由此可

得 $\theta_2(p_{2e}^*) = w$。

$\theta_1(p_{1e}^*) = \theta_2(p_{2e}^*) = w$，碳排放權交易量為 $W_e = \sum_{i=1}^{2} k_i(y(p_i) + z_i) - K$。

得證。

以上證明表明，在碳限額與交易下，製造企業最優決策下必須滿足條件 $\theta_1(p_{1e}^*) = \theta_2(p_{2e}^*)$，否則製造企業可以通過多生產產品 1 或者產品 2 以獲得更高的期望利潤。同時：

當 $\theta_1(p_{1e}^*) = \theta_2(p_{2e}^*) > w$ 時，單位的碳排放權所帶來的製造企業期望利潤的增加高於一單位的碳排放權價格，製造企業將購買碳排放權來生產更多的產品以獲得更多的利潤。

當 $\theta_1(p_{1e}^*) = \theta_2(p_{2e}^*) < w$ 時，單位的碳排放權所帶來的製造企業期望利潤的增加低於一單位的碳排放權價格，製造企業將出售碳排放權。

當 $\theta_1(p_{1e}^*) = \theta_2(p_{2e}^*) = w$ 時，單位的碳排放權所帶來的製造企業期望利潤的增加等於一單位的碳排放權價格，製造企業將不會進行碳排放權交易。企業在此情形下存在一個最優的生產與定價決策，使得企業期望利潤最大。

命題 6.2 表明，當企業最優生產所產生的二氧化碳（CO_2）排放量低於政府規定的碳限額時，企業有碳排放權剩餘可能，企業可以將剩餘的碳排放權在外部碳交易市場上出售獲利。反之，當兩產品製造企業最優生產所產生的二氧化碳（CO_2）排放量高於政府規定的碳限額時，企業的生產與定價決策受到政府規定碳限額的影響，製造企業將在外部碳交易市場購買碳排放權以維持生產。

推論 6.3：

為了討論碳限額與交易政策對生產與定價決策的影響，可以得到以下命題：

(1) 若 $\theta_1(p_{1K}^*) = \theta_2(p_{2K}^*) = w$，那麼，$p_{1e}^* = p_{1K}^* > p_1^*$，$p_{2e}^* = p_{2K}^* > p_2^*$；

(2) 若 $\theta_1(p_{1K}^*) = \theta_2(p_{2K}^*) < w$，那麼，$p_{1e}^* > p_{1K}^* > p_1^*$，$p_{2e}^* > p_{2K}^* > p_2^*$；

(3) 若 $\theta_1(p_{1K}^*) = \theta_2(p_{2K}^*) > w$，那麼，$p_{1K}^* > p_{1e}^* \geq p_1^*$，$p_{2K}^* > p_{2e}^* \geq p_2^*$。

證明：

$\theta_i(p_i)$；$i = 1, 2$ 是關於 p_i；$i = 1, 2$ 的增函數。

由前述分析可得，$\theta_1(p_1^*) = 0$，$\theta_2(p_2^*) = 0$，$\theta_1(p_{1e}^*) = \theta_2(p_{2e}^*) = w$，因此，$p_1^* < p_{1e}^*$，$p_2^* < p_{2e}^*$。

(1) 若 $\theta_1(p_{1K}^*) = \theta_2(p_{2K}^*) = w$，可以得到 $\theta_1(p_{1K}^*) = \theta_2(p_{2K}^*) = \theta_1(p_{1e}^*) = \theta_2(p_{2e}^*)$，因此得到 $p_{1K}^* = p_{1e}^* > p_1^*$，$p_{2K}^* = p_{2e}^* > p_2^*$。

(2) 若 $\theta_1(p_{1K}^*) = \theta_2(p_{2K}^*) < w$，可以得到 $\theta_1(p_{1K}^*) = \theta_2(p_{2K}^*) < \theta_1(p_{1e}^*) =$

$\theta_2(p_{2e}^*)$，因此得到 $p_{1e}^* < p_{1K}^* < p_1^*$，$p_{2e}^* < p_{2K}^* < p_2^*$。

(3) 若 $\theta_1(p_{1K}^*) = \theta_2(p_{2K}^*) > w$，可以得到 $\theta_1(p_{1K}^*) = \theta_2(p_{2K}^*) > \theta_1(p_{1e}^*) = \theta_2(p_{2e}^*)$，因此得到 $p_{1K}^* \geqslant p_{1e}^* \geqslant p_1^*$，$p_{2K}^* > p_{2e}^* > p_2^*$。

得證。

當 $\theta_1(p_{1K}^*) = \theta_2(p_{2K}^*) < w$ 時，意味著在碳限額情形下多獲取一單位碳排放權所帶來的利潤增加小於購買碳排放權的成本，製造企業將會考慮出售碳排放權，產品1和產品2的生產量同時減少，產品1和產品2的銷售價格同時增加。

當 $\theta_1(p_{1K}^*) = \theta_2(p_{2K}^*) > w$ 時，意味著在碳限額情形下多獲取一單位碳排放權所帶來的利潤增加大於購買碳排放權的成本，製造企業將會購買碳排放權來生產更多產品，產品1和產品2的生產量同時增加，產品1和產品2的銷售價格同時減少。

當 $\theta_1(p_{1K}^*) = \theta_2(p_{2K}^*) = w$ 時，意味著在碳限額情形下多獲取一單位碳排放權所帶來的利潤增加等於購買碳排放權的成本，製造企業將不會進行碳排放權交易。

推論6.3意味著進行碳排放權交易，製造企業產品 i；$i = 1$，2的最優銷售價格不低於無碳限額約束下的銷售價格，是否高於碳限額約束下的最優銷售價格主要取決於產品在碳限額約束下的單位碳排放權產生的利潤增加大小。

為了討論碳限額與交易對製造企業期望利潤的影響，可以得到以下命題：

推論6.4： 當 $K^* = \sum_{i=1}^{2} k_i(y(p_{ie}^*) + z_{ie}^*) + \frac{1}{w}(\pi^n(p^*, z^*) - \pi^e(p_e^*, z_e^*))$ 時，

(1) 若 $K > K^*$，那麼，$\pi^e(p_e^*, z_e^*) > \pi^n(p^*, z^*) \geqslant \pi^K(p_K^*, z_K^*)$；

(2) 若 $K = K^*$，那麼，$\pi^e(p_e^*, z_e^*) = \pi^n(p^*, z^*) > \pi^K(p_K^*, z_K^*)$；

(3) 若 $K < K^*$，那麼，$\pi^n(p^*, z^*) > \pi^e(p_e^*, z_e^*) \geqslant \pi^K(p_K^*, z_K^*)$。

證明：

考慮 $\pi^e(p_e^*, z_e^*)$ 的極大值性，有 $\pi^e(p_e^*, z_e^*) > \pi^n(p^*, z^*) - w\left(\sum_{i=1}^{2} k_i(y(p_{ie}^*) + z_{ie}^*) - K\right)$。若 $K \geqslant \sum_{i=1}^{2} k_i(y(p_{ie}^*) + z_{ie}^*)$，在此情形下，$\pi^K(p_K^*, z_K^*) = \pi^n(p^*, z^*)$，所以，$\pi^e(p_e^*, z_e^*) - \pi^K(p_K^*, z_K^*) > -w\left(\sum_{i=1}^{2} k_i(y(p_{ie}^*) + z_{ie}^*) - K\right) > 0$。因此，$\pi^e(p_e^*, z_e^*) > \pi^K(p_K^*, z_K^*)$。若 $K < \sum_{i=1}^{2} k_i(y(p_{ie}^*) + z_{ie}^*)$，在此情形下 $K = \sum_{i=1}^{2} k_i(y(p_{ie}^*) + z_{ie}^*)$，考慮到 $\pi^e(p_e^*, z_e^*)$ 的極大值性，$\pi^e(p_e^*, z_e^*) \geqslant \pi^n(p_K^*, z_K^*) - w\left(\sum_{i=1}^{2} k_i(y(p_{ie}^*) + z_{ie}^*) - K\right)$，由前述分析可知 $\pi^K(p_K^*, z_K^*) = \pi^n(p_K^*, z_K^*)$，由此可得 $\pi^e(p_e^*, z_e^*) - \pi^K(p_K^*, z_K^*) \geqslant -w\left(\sum_{i=1}^{2} k_i(y(p_{ie}^*) + z_{ie}^*)\right)$

$-K) = 0$，所以 $\pi^e(p_e^*, z_e^*) = \pi^K(p_K^*, z_K^*)$。綜合所得，$\pi^e(p_e^*, z_e^*) \geq \pi^K(p_K^*, z_K^*)$。

若 $K \leq \sum_{i=1}^{2} k_i(y(p_{ie}^*) + z_{ie}^*)$ 時，因為 $\pi^e(p_e^*, z_e^*) = \pi^n(p_e^*, z_e^*) - w\left(\sum_{i=1}^{2} k_i(y(p_{ie}^*) + z_{ie}^*) - K\right) < \pi^n(p_e^*, z_e^*) < \pi^n(p^*, z^*)$，所以 $\pi^e(p_e^*, z_e^*) < \pi^n(p^*, z^*)$。若 $K > \sum_{i=1}^{2} k_i(y(p_{ie}^*) + z_{ie}^*)$ 時，$\pi^e(p_e^*, z_e^*) > \pi^n(p^*, z^*) - w\left(\sum_{i=1}^{2} k_i(y(p_{ie}^*) + z_{ie}^*) - K\right) > \pi^n(p^*, z^*)$，因此，$\pi^e(p_e^*, z_e^*) > \pi^n(p^*, z^*)$。

因此，當 $K^* \in \left(\sum_{i=1}^{2} k_i(y(p_{ie}^*) + z_{ie}^*), \sum_{i=1}^{2} k_i(y(p_i^*) + z_i^*)\right)$ 時，根據介值定理可知，存在一個 K^* 滿足 $\pi^e(p_e^*, z_e^*) = \pi^n(p^*, z^*)$。反解得：$K^* = \sum_{i=1}^{2} k_i(y(p_{ie}^*) + z_{ie}^*) + \frac{1}{w}(\pi^n(p^*, z^*) - \pi_e^*(p_e^*, z_e^*))$。

因為 $\pi^e(Q_1, Q_2)$ 是關於 K 的遞增函數，因此，
(1) 若 $K > K^*$，那麼，$\pi^e(p_e^*, z_e^*) > \pi^n(p^*, z^*) \geq \pi^K(p_K^*, z_K^*)$；
(2) 若 $K = K^*$，那麼，$\pi^e(p_e^*, z_e^*) = \pi^n(p^*, z^*) > \pi^K(p_K^*, z_K^*)$；
(3) 若 $K < K^*$，那麼，$\pi^n(p^*, z^*) > \pi^e(p_e^*, z_e^*) \geq \pi^K(p_K^*, z_K^*)$。
得證。

推論 6.4 表明製造企業可以通過購買或出售碳排放權增加製造企業的期望利潤，所以，製造企業進行碳排放權交易，企業的期望利潤總是高於碳額約束下的期望利潤，是否高於無碳限額約束下的期望利潤主要取決於政府的初始碳配額量。

以上分析表明，當製造企業最優生產所產生的二氧化碳（CO_2）排放量低於政府規定的碳限額時，企業有碳排放權剩餘可能，企業可以將剩餘的碳排放權在外部碳交易市場上出售獲利。反之，當製造企業最優生產所產生的二氧化碳（CO_2）排放量高於政府規定的碳限額時，企業的生產與定價決策受到政府規定的碳限額的影響，企業將在外部碳交易市場購買碳排放權以維持生產。

6.3.2 情形二：進行綠色技術投入決策

基於前述分析，情形二是在碳限額下，製造企業無法同時最優化生產所有品類的產品，只進行綠色技術投入獲得碳排放權的節約，變相獲得額外的碳排放權。在製造企業進行綠色技術投入時，令 $Q_i = y(p_i, T_i) + z_i$，$D_i = y(p_i, T_i) + \varepsilon_i$，$y(p_i, T_i) = a_i - bp_i + \delta_i T_i$，$\varepsilon_i$ 為 $[0, A]$ 上的隨機變量，其累積分佈函數

為 $F(\cdot)$，δ_i 表示綠色技術投入對需求的影響係數。則 $q_i - D_i = z_i - \varepsilon_i$，$(Q_i - D_i)^+ = \int_A^z F(x)dx$。

同時，製造企業對兩種產品均有綠色技術投入。

製造企業在此情形下的期望利潤函數為：

$$\begin{cases} \pi^t(p_t, z_t, T) = \\ \sum_{i=1}^{2}(p_i + r_i - c_i(T_i))(y(p_i, T_i) + z_i) - (p_i + r_i - v_i)\int_0^{z_i} F_i(x)dx - r_i\mu_i \\ s.\ t. \quad \sum_{i=1}^{2} k_i(T_i)(y(p_i, T_i) + z_i) \leq K \end{cases}$$

(6.5)

其中，$p_t = (p_1, p_2)$，$z_t = (z_1, z_2)$，$T_t = (T_1, T_2)$。

製造企業在此情況下的決策目標在於最大化期望利潤。

命題 6.3：製造企業進行綠色技術投入決策，存在一個使得企業期望利潤最大化的銷售價格組合為 p_{it}^*；$i = 1, 2$，生產組合為 Q_{it}^*；$i = 1, 2$，綠色技術投入水平為 $T_1^* \in (0,1)$ 和 $T_2^* \in (0,1)$，且滿足式 6.7。

證明：

構造拉格朗日函數：

$L^t(p_t, z_t, T) =$

$\sum_{i=1}^{2}(p_i + r_i - c_i(T_i))(y(p_i, T_i) + z_i) - (p_i + r_i - v_i)\int_0^{z_i} F_i(x)dx - r_i\mu_i$

$+ \lambda\left(K - \sum_{i=1}^{2} k_i(T_i)(y(p_i, T_i) + z_i)\right)$

則其 $K - T$ 條件：

（條件 6.4）

$\dfrac{\partial L^t(p_t, z_t, T)_{p_i}}{\partial p_i} = y(p_i, T_i) + z_i - b_i(p_i + r_i - c_i(T_i)) - \int_0^{z_i} F_i(x)dx + \lambda b_i k_i(T_i) \leq 0,$

$p_i \geq 0,\ p_i \dfrac{\partial L^t(p_t, z_t, T)_{p_i}}{\partial p_i} = 0;$

（條件 6.5）

$\dfrac{\partial L^t(p_t, z_t, T)_{z_i}}{\partial z_i} = p_i + r_i - c_i(T_i) - (p_i + r_i - v_i)F_i(z_i) - \lambda k_i(T_i) \leq 0,$

$z_i \geq 0,\ z_i \dfrac{\partial L^t(p_t, z_t, T)_{z_i}}{\partial z_i} = 0;$

(條件 6.6)

$$\frac{\partial L^t(p_t, z_t, T)_{T_i}}{\partial T_i} =$$

$$-\frac{\partial c_i(T_i)}{\partial T_i}(y(p_i, T_i) + z_i) + \delta(p_i + r_i - c_i(T_i)),$$

$$-\lambda\left(\frac{\partial k_i(T_i)}{\partial T_i}(y(p_i, T_i) + z_i) + \delta k_i(T_i)\right) = 0$$

$$T_i > 0, \quad T_i \frac{\partial L^t(p_t, z_t, T)_{T_i}}{\partial T_i} = 0;$$

(條件 6.7)

$$\frac{\partial L^t(p_t, z_t, T)_{\lambda}}{\partial \lambda} = K - \sum_{i=1}^{2} k_i(T_i)(y(p_i, T_i) + z_i) \geq 0, \quad \lambda \geq 0,$$

$$\lambda \frac{\partial L^t(p_t, z_t, T)_{\lambda}}{\partial \lambda} = 0 。$$

(1) 由上述條件可知 $\lambda = 0$。則上述 $K-T$ 條件可轉化為:

$$\begin{cases} y(p_1, T_1) + z_1 - b_1(p_1 + r_1 - c_1(T_1)) - \int_0^{z_1} F_1(x)dx = 0 \\ y(p_2, T_2) + z_2 - b_2(p_2 + r_2 - c_2(T_2)) - \int_0^{z_2} F_2(x)dx = 0 \\ p_1 + r_1 - c_1(T_1) - (p_1 + r_1 - v_1)F_1(z_1) = 0 \\ p_2 + r_2 - c_2(T_2) - (p_2 + r_2 - v_2)F_2(z_2) = 0 \\ -\frac{\partial c_1(T_1)}{\partial T_1}(y(p_1, T_1) + z_1) + \delta(p_1 + r_1 - c_1(T_1)) = 0 \\ -\frac{\partial c_2(T_2)}{\partial T_2}(y(p_2, T_2) + z_2) + \delta(p_2 + r_2 - c_2(T_2)) = 0 \end{cases} \quad (6.6)$$

因為該問題是凹規劃，因此存在 p_{1t}^*、p_{2t}^*、T_{1t}^*、T_{2t}^*、z_{1t}^*、z_{2t}^* 使得以上方程組成立。則製造企業的最優銷售價格和產品的最優綠色技術投入水平決策則由式 6.6 給出，最優生產量為 $Q_{1t}^* = y(p_{1t}^*, T_{1t}^*) + z_{1t}^*$ 和 $Q_{2t}^* = y(p_{2t}^*, T_{2t}^*) + z_{2t}^*$。製造企業進行綠色技術投入后的碳排放權剩餘量為 $W_t^* = K - k_1(T_{1t}^*)Q_{1t}^* - k_2(T_{2t}^*)Q_{2t}^*$。但由於在此情形下，製造企業產生的碳排放權剩餘並不能通過外部碳排放權交易市場出售獲利，所以製造企業並不會進行綠色技術投入。此時，製造企業的最優生產與定價決策退化為無碳限額約束時的最優生產與定價決策。

(2) 由上述條件可知 $z_1 \neq 0$, $z_2 \neq 0$, $\lambda \neq 0$。則上述 $K-T$ 條件可轉化為：

$$\begin{cases} y(p_i, T_i) + z_i - b_i(p_i + r_i - c_i(T_i)) - \int_0^{z_i} F_i(x) dx + \lambda b_i k_i(T_i) = 0; \ i = 1, 2 \\ p_i + r_i - c_i(T_i) - (p_i + r_i - v_i) F_i(z_i) - \lambda k_i(T_i) = 0; \ i = 1, 2 \\ -\dfrac{\partial c_i(T_i)}{\partial T_i}(y(p_i, T_i) + z_i) + \delta(p_i + r_i - c_i(T_i)) - \\ \lambda \left(\dfrac{\partial k_i(T_i)}{\partial T_i}(y(p_i, T_i) + z_i) + \delta k_i(T_i) \right) = 0; \ i = 1, 2 \\ K - \sum_{i=1}^{2} k_i(T_i)(y(p_i, T_i) + z_i) = 0; \ i = 1, 2 \end{cases}$$

(6.7)

因為該問題是凹規劃，因此存在 p_{1t}^*、p_{2t}^*、T_{1t}^*、T_{2t}^*、z_{1t}^*、z_{2t}^*、λ_t^* 使得以上方程組成立。則製造企業的最優銷售價格和產品的最優綠色技術投入水平決策則由式 6.7 給出，最優生產量為 $Q_{1t}^* = y(p_{1t}^*, T_{1t}^*) + z_{1t}^*$ 和 $Q_{2t}^* = y(p_{2t}^*, T_{2t}^*)$。製造企業進行綠色技術投入後的碳排放權剩餘量為零。

因此，在碳限額約束下，製造企業進行綠色技術投入決策，存在一個最優的銷售價格組合 p_{it}^*; $i = 1, 2$，生產組合 Q_{it}^*; $i = 1, 2$ 和最優的綠色技術投入水平 $T_1^* \in (0,1)$，$T_2^* \in (0,1)$，並且成本結構滿足式 6.7。

得證。

命題 6.3 表明，兩產品製造企業通過綠色技術投入降低單位產品的碳排放水平，在對產品 1 和產品 2 均進行綠色技術投入的情形下，當企業最優生產所產生的二氧化碳（CO_2）排放量低於政府規定的碳限額時，企業的生產與定價決策不受政府規定的碳限額的影響，此時製造企業不會進行綠色技術投入，企業的最優生產與定價決策為無碳限額約束時的最優生產與定價決策。反之，當企業最優生產所產生的二氧化碳（CO_2）排放量高於政府規定的碳限額時，企業的生產與定價決策受到政府規定的碳限額的影響，此時，製造企業會進行綠色技術投入。

推論 6.5：$p_{1K}^* \geq p_{1t}^* \geq p_1^*$，$p_{2K}^* \geq p_{2t}^* \geq p_2^*$

證明：

構造拉格朗日因子 $\varphi \geq 0$，由式 6.5 約束條件可得：

$$\begin{cases} \sum_{i=1}^{2} k_i(T_i) y_i(p_i, T_i) + z_i - K \leq 0 \\ \varphi \left(\sum_{i=1}^{2} k_i(T_i) y_i(p_i, T_i) + z_i - K \right) = 0 \\ y_1(p_1, T_1) + z_1 - b_1(p_1 + r_1 - c_1(T_1)) - \int_0^{z_1} F(x) dx + \varphi b_1 k_1(T_1) = 0 \\ y_2(p_2, T_2) + z_2 - b_2(p_2 + r_2 - c_2(T_2)) - \int_0^{z_2} F(x) dx + \varphi b_2 k_2(T_2) = 0 \end{cases};$$

當 $\varphi = 0$ 時，可得 $\dfrac{\partial \pi^c(p_c, T_c, z_c)}{\partial p_1} = 0$，$\dfrac{\partial \pi^c(p_c, T_c, z_c)}{\partial p_2} = 0$，因此，可以得到 $p_{1t}^* = p_1^*$，$p_{2t}^* = p_2^*$；

當 $\varphi > 0$ 時，可得：

$$y_1(p_1, T_1) + z_1 - b_1(p_1 + r_1 - c_1(T_1)) - \int_0^{z_1} F(x) dx = -\varphi b_1 k_1(T_1) < 0$$

$$y_2(p_2, T_2) + z_2 - b_2(p_2 + r_2 - c_2(T_2)) - \int_0^{z_2} F(x) dx = -\varphi b_2 k_2(T_2) < 0$$

因此，$p_{1t}^* > p_1^*$，$p_{2t}^* > p_2^*$。綜合可得 $p_{1t}^* \geq p_1^*$，$p_{2t}^* \geq p_2^*$。

（1）$K \geq \sum_{i=1}^{2} k_i y_i(p_i) + z_i$ 時，製造企業的排放量不會受到政府規定的碳限額約束的影響，企業的綠色技術投入水平 $T_i^* = 0$，由此可得 $p_{1K}^* = p_{1t}^*$，$p_{2K}^* = p_{2t}^*$。

（2）$K < \sum_{i=1}^{2} k_i y_i(p_i) + z_i$ 時，製造企業的排放量受到政府規定的碳限額約束的影響，企業的綠色技術投入水平 $T^* \in (0,1)$。由前述的分析可知 $p_{1K}^* > p_{1t}^*$，$p_{2K}^* > p_{2t}^*$。

綜上所得 $p_{1K}^* \geq p_{1t}^* \geq p_1^*$，$p_{2K}^* \geq p_{2t}^* \geq p_2^*$。

得證。

推論6.5可知，製造企業進行綠色技術投入，產品1和產品2的最優銷售價格均不會高於碳限額約束時的銷售價格，也均不會不低於無碳限額約束下的最優銷售價格。

為了討論綠色技術投入對製造企業期望利潤的影響，可以得到以下命題：

推論6.6：$\pi^K(p_K^*, z_K^*) \leq \pi^t(p_t^*, z_t^*, T^*) \leq \pi^n(p^*, z^*)$

證明：

在碳限額約束下企業僅進行綠色技術投入決策時，當 $K \geq kQ^*$，製造企業不會進行綠色技術投入。當 $K < kQ^*$ 時，企業會進行綠色技術投入，則有：

$$\pi^t(p_t^*, z_t^*, T^*) =$$
$$\pi^n(p_t^*, z_t^*) - \left((c_1(T_1) - c_1) \frac{K - k_2 Q_2}{k_1} + (c_2(T_2) - c_2) \frac{K - k_1 Q_1}{k_2} \right)$$

因此，可以得到：

$\pi^t(p_t^*, z_t^*, T^*) = \pi^n(p_t^*, z_t^*) -$
$\left((c_1(T_1) - c_1)\dfrac{K - k_2 Q_2}{k_1} + (c_2(T_2) - c_2)\dfrac{K - k_1 Q_1}{k_2} \right) \leqslant \pi^*(p^*, z^*)$，$\pi^K(p_K^*, z_K^*) = \pi^n(p_K^*, z_K^*) \leqslant \pi^n(p^*, z^*)$。

又

$\pi^t(p_t^*, z_t^*, T^*) - \pi^n(p_K^*, z_K^*) =$
$\pi^n(p_t^*, z_t^*) - \pi^K(p_K^*, z_K^*) - \left((c_1(T_1) - c_1)\dfrac{K - k_2 Q_2}{k_1} + (c_2(T_2) - c_2)\dfrac{K - k_1 Q_1}{k_2} \right)$，

若 $T = 0$，那麼，$\pi^t(p_t^*, z_t^*, T^*) - \pi^K(p_K^*, z_K^*) = 0$。

(1) 當 $\pi^n(p_t^*, z_t^*) - \pi^n(p_K^*, z_K^*) > (c_1(T_1) - c_1)\dfrac{K - k_2 Q_2}{k_1} + (c_2(T_2) - c_2)\dfrac{K - k_1 Q_1}{k_2}$ 時，可得 $\pi^t(p_t^*, z_t^*, T^*) \geqslant \pi^K(p_K^*, z_K^*) = \pi^K(p_K^*, z_K^*, 0)$，這時，進行綠色技術投入可以增加生產企業在碳限額約束下的期望利潤，$\pi^K(p_K^*, z_K^*) \leqslant \pi^t(p_t^*, z_t^*, T^*)$。

(2) 當 $\pi^n(p_t^*, z_t^*) - \pi^n(p_K^*, z_K^*) = (c_1(T_1) - c_1)\dfrac{K - k_2 Q_2}{k_1} + (c_2(T_2) - c_2)\dfrac{K - k_1 Q_1}{k_2}$ 時，可得 $\pi^t(p_t^*, z_t^*, T^*) = \pi^K(p_K^*, z_K^*) = \pi^K(p_K^*, z_K^*, 0)$，這時，綠色技術投入不會增加生產企業在碳限額約束下的期望利潤，所以，生產企業理性地放棄綠色技術投入，$\pi^K(p_K^*, z_K^*) = \pi^t(p_t^*, z_t^*, T^*)$。

(3) 當 $\pi^n(p_t^*, z_t^*) - \pi^n(p_K^*, z_K^*) < (c_1(T_1) - c_1)\dfrac{K - k_2 Q_2}{k_1} + (c_2(T_2) - c_2)\dfrac{K - k_1 Q_1}{k_2}$ 時，可得 $\pi^t(p_t^*, z_t^*, T^*) \leqslant \pi^K(p_K^*, z_K^*) = \pi^K(p_K^*, z_K^*, 0)$，這時，進行綠色技術投入只會減少生產企業在碳限額約束下的期望利潤，所以此時不進行綠色技術投入，從而 $\pi^K(p_K^*, z_K^*) = \pi^t(p_t^*, z_t^*, T^*)$。

綜上可得 $\pi^K(p_K^*, z_K^*) \leqslant \pi^t(p_t^*, z_t^*, T^*) \leqslant \pi^*(p^*, z^*)$。

得證。

推論 6.6 表明在碳限額約束下，適當的綠色技術投入能夠增加生產企業的期望利潤。

6.3.3　情形三：進行碳排放權交易和綠色技術投入組合決策

情形三是在碳限額約束下，製造企業無法同時最優化生產所有的品類的產品，將實施碳排放權交易和綠色技術投入的組合決策。同樣，處於壟斷地位的製造企業為鞏固其市場地位，願意從長遠角度出發，進行低碳減排技術的投入。當對兩種產品均進行綠色技術投入時，有 $T_1 > 0$，$T_2 > 0$。此外，p_1，p_2 分別表示產品1和產品2的銷售價格，不失一般性，本書假設 p_1，$p_2 > 0$。

由命題6.3可知，製造企業進行綠色技術投入，當 $K \geq \sum_{i=1}^{2} k_i(T_i) Q_i$ 時，企業的成本結構滿足式6.6時，企業有碳排放權剩餘。但由於在碳限額約束下，當無法進行碳排放權交易時，製造企業因不能出售碳排放權剩餘獲利，不會進行綠色技術投入。但在碳限額與交易情形下，由於外部碳交易市場的存在，製造企業有將碳排放權剩餘出售獲利的可能。可以得到如下命題：

命題6.4：製造企業實施碳排放權交易和綠色技術投入的組合決策，在給定的參數成本結構和政府制定的碳限額下，當 $K \geq \sum_{i=1}^{2} k_i(T_{ic}^*)(y(p_{ic}^*, T_{ic}^*) + z_{ic}^*)$ 時，存在一個使得製造企業期望利潤最大化的最優生產組合 $Q_{ic}^* = Q_{it}^*$；$i = 1,2$，最優綠色技術投入水平 $T_{ic}^* = T_{it}^*$；$i = 1, 2$，最優銷售價格組合 $p_{ic}^* = p_{it}^*$；$i = 1, 2$，且滿足式6.6，碳排放權售出量 $W_c^* = K - \sum_{i=1}^{2} k_i(T_{ic}^*)(y(p_{ic}^*, T_{ic}^*) + z_{ic}^*)$。

證明：

由命題6.3可知，在給定的綠色技術投入水平、成本結構和政府規定的碳限額下，製造企業進行綠色技術投入，當製造企業最優生產產生的碳排放量不超過政府規定的碳限額，即 $K \geq \sum_{i=1}^{2} k_i(T_{ic}^*)(y(p_{ic}^*, T_{ic}^*) + z_{ic}^*)$ 成立時，企業有碳排放權剩餘可能。

根據命題6.3結論，此情形下的最優生產組合 Q_{ic}^*；$i = 1, 2$，最優綠色技術投入水平 T_{ic}^*；$i = 1, 2$，最優銷售價格組合 p_{ic}^*；$i = 1, 2$ 為命題6.3時的最優生產量 $Q_{ic}^* = Q_{it}^*$；$i = 1, 2$，最優綠色技術投入水平 $T_{ic}^* = T_{it}^*$；$i = 1, 2$，最優銷售價格 $p_{ic}^* = p_{it}^*$；$i = 1, 2$，且滿足式6.6。

碳排放權售出量為：$W_c^* = K - \sum_{i=1}^{2} k_i(T_{ic}^*)(y(p_{ic}^*, T_{ic}^*) + z_{ic}^*)$。

得證。

由命題6.3可知，當 $K < \sum_{i=1}^{2} k_i(T_{ic}^*)(y(p_{ic}^*, T_{ic}^*) + z_{ic}^*)$，在給定的參數成本結構和政府規定的碳限額下，製造企業的生產與定價決策受到政府規定的碳限額的約束，此時無碳排放權剩餘。在碳限額與交易機制下，製造企業可

以考慮在外部碳交易市場購買碳排放權以維持生產。

製造企業在此情形下的期望利潤函數為：

$$\begin{cases} \pi^c(p_c, z_c, T_c) = \\ \sum_{i=1}^{2}(p_i + r_i - c_i(T_i))(y(p_i, T_i) + z_i) - (p_i + r_i - v_i)\int_0^{z_i} F_i(x)dx - r_i\mu_i \\ -w\left(\sum_{i=1}^{2} k_i(T_i)(y(p_i, T_i) + z_i) - K\right) \\ s.\ t.\quad \sum_{i=1}^{2} k_i(T_i)(y(p_i, T_i) + z_i) > K \end{cases}$$

(6.8)

製造企業在此情況下的決策目標在於最大化期望利潤。

命題6.5：製造企業實施碳排放權交易和綠色技術投入的組合決策，存在一個使製造企業期望利潤最大化的最優生產組合為 $Q_{1c}^* = y(p_{1c}^*, T_{1c}^*) + z_{1c}^*$ 和 $Q_{2c}^* = y(p_{2c}^*, T_{2c}^*) + z_{2c}^*$，最優銷售價格組合為 p_{ic}^*；$i = 1, 2$，最優綠色技術投入水平為 T_{ic}^*；$i = 1, 2$，且滿足式6.9，碳排放權購買量為 $W_c^* = \sum_{i=1}^{2} k_i(T_{ic}^*)(y(p_{ic}^*, T_{ic}^*) + z_{ic}^*) - K$。

證明：

構造拉格朗日函數

$L^c(p_c, z_c, T_c, \lambda) =$

$\sum_{i=1}^{2}(p_i + r_i - c_i(T_i))(y(p_i, T_i) + z_i) - (p_i + r_i - v_i)\int_0^{z_i} F_i(x)dx - r_i\mu_i -$

$(w - \lambda)\left(\sum_{i=1}^{2} k_i(T_i)(y(p_i, T_i) + z_i)\right) + (w - \lambda)K$

由於企業需要從市場上購買碳排放權，則有 $\lambda = 0$。即企業在投入水平 T_1、T_2 下的最優產出小於相應的邊際成本，即企業不會再進行技術投入，其只從市場上購買碳排放權。

則其 $K - T$ 條件：

$\dfrac{\partial L^c(p_c, z_c, T_c, \lambda)_{p_i}}{\partial p_i} =$

$(y(p_i, T_i) + z_i) - b_i(p_i + r_i - c_i(T_i)) - \int_0^{z_i} F_i(x)dx + (w - \lambda)b_i k_i(T_i) = 0$,

$p_i > 0,\ p_i \dfrac{\partial L^c(p_c, z_c, T_c, \lambda)_{p_i}}{\partial p_i} = 0;$

$\dfrac{\partial L^c(p_c, z_c, T_c, \lambda)_{z_i}}{\partial z_i} = (p_i + r_i - c_i(T_i)) - (p_i + r_i - v_i)F_i(z_i) - (w -$

$\lambda) k_i(T_i) \leq 0$,

$$z_i \geq 0, \ z_i \frac{\partial L^c(p_c, z_c, T_c, \lambda)_{z_i}}{\partial z_i} = 0;$$

$$\frac{\partial L^c(p_c, z_c, T_c, \lambda)_{T_i}}{\partial T_i} =$$

$$-\frac{\partial c_i(T_i)}{\partial T_i}(y(p_i, T_i) + z_i) + \delta(p_i + r_i - c_i(T_i)) -,$$

$$(w - \lambda)\left(\frac{\partial k_i(T_i)}{\partial T_i}(y(p_i, T_i) + z_i) + \delta k_i(T_i)\right) = 0$$

$$T_i > 0, \ T_i \frac{\partial L^c(p_c, z_c, T_c, \lambda)_{T_i}}{\partial T_i} = 0;$$

由上述條件可知 $z_1 \neq 0$，$z_2 \neq 0$。則上述 $K - T$ 條件可轉化為：

$$\begin{cases} (y(p_i, T_i) + z_i) - b_i(p_i + r_i - c_i(T_i)) - \int_0^{z_i} F_i(x) dx + wb_i k_i(T_i) = 0 \\ (p_i + r_i - c_i(T_i)) - (p_i + r_i - v_i) F_i(z_i) - wk_i(T_i) = 0 \\ -\frac{\partial c_i(T_i)}{\partial T_i}(y(p_i, T_i) + z_i) + \delta(p_i + r_i - c_i(T_i)) - \\ w\left(\frac{\partial k_i(T_i)}{\partial T_i}(y(p_i, T_i) + z_i) + \delta k_i(T_i)\right) = 0 \end{cases}$$

(6.9)

因為該問題是凹規劃，因此存在 p_{1c}^*、p_{2c}^*、T_{1c}^*、T_{2c}^*、z_{1c}^*、z_{2c}^* 使得以上方程組成立。每個品類產品的最優銷售價格和對產品的最優綠色技術投入水平如式 6.9，產品 1 的最優生產量為 $Q_{1c}^* = y(p_{1c}^*, T_{1c}^*) + z_{1c}^*$，產品 2 的最優生產量為 $Q_{2c}^* = y(p_{2c}^*, T_{2c}^*) + z_{2c}^*$，碳排放權購買量為 $W_c^* = \sum_{i=1}^{2} k_i(T_{ic}^*)(y(p_{ic}^*, T_{ic}^*) + z_{ic}^*) - K$。

得證。

命題 6.4 和命題 6.5 表明，實施碳排放權交易和綠色技術投入的組合決策，在對產品 1 和產品 2 進行綠色技術投入的情形下，當企業最優生產所產生的二氧化碳（CO_2）排放量低於政府規定的碳限額時，企業有碳排放權剩餘可能，企業可以將剩餘的碳排放權在外部碳交易市場上出售獲利。反之，當企業最優生產所產生的二氧化碳（CO_2）排放量高於政府規定的碳限額時，企業的生產與定價決策受到政府規定的碳限額的影響，此時，企業既會進行綠色技術

投入，也會進行碳排放權購買。

為了討論對製造企業生產與定價決策的影響，可以得到以下命題：

推論 6.7：

（1）若 $\theta(p_{1K}^*) = \theta(p_{2K}^*) = w$，那麼，$p_{1c}^* = p_{1K}^* > p_1^*$；$p_{2c}^* = p_{2K}^* > p_2^*$；

（2）若 $\theta(p_{1K}^*) = \theta(p_{2K}^*) < w$，那麼，$p_{1c}^* > p_{1K}^* > p_1^*$；$p_{2c}^* > p_{2K}^* > p_2^*$；

（3）若 $\theta(p_{1K}^*) = \theta(p_{2K}^*) > w$，那麼，$p_{1K}^* > p_{1c}^* \geqslant p_1^*$；$p_{2K}^* > p_{2c}^* \geqslant p_2^*$。

證明：

由此可以得到 $\theta_1(p_1)$ 和 $\theta_2(p_2)$ 分別是關於 p_1 和 p_2 的增函數。

由前述分析可得，$\theta(p_i^*) = 0$，$\theta(p_{ic}^*) = w$，因此，$p_1^* < p_{1c}^*$；$p_2^* < p_{2c}^*$。

（1）若 $\theta(p_{1K}^*) = \theta(p_{2K}^*) = w$，那麼 $\theta(p_{1c}^*) = \theta(p_{2c}^*) = \theta(p_{1K}^*) = \theta(p_{2K}^*)$，因此得到 $p_{1c}^* = p_{1K}^* > p_1^*$；$p_{2c}^* = p_{2K}^* > p_2^*$。

（2）若 $\theta(p_{1K}^*) = \theta(p_{2K}^*) < w$，那麼 $\theta(p_{1c}^*) = \theta(p_{2c}^*) > \theta(p_{1K}^*) = \theta(p_{2K}^*)$，因此得到 $p_{1c}^* > p_{1K}^* > p_1^*$；$p_{2c}^* > p_{2K}^* > p_2^*$。

（3）若 $\theta(p_{1K}^*) = \theta(p_{2K}^*) > w$，那麼 $\theta(p_{1c}^*) = \theta(p_{2c}^*) < \theta(p_{1K}^*) = \theta(p_{2K}^*)$，因此得到 $p_{1K}^* > p_{1c}^* \geqslant p_1^*$；$p_{2K}^* > p_{2c}^* \geqslant p_2^*$。

得證。

當 $\theta(p_{1K}^*) = \theta(p_{2K}^*) > w$ 時，意味著在碳限額情形下多獲取一單位碳排放權所帶來的利潤增加大於購買碳排放權的成本，製造企業將購買碳排放權來生產更多產品。所以，碳限額與交易下的最優銷售價格低於碳限額約束下的最優銷售價格。

當 $\theta(p_{1K}^*) = \theta(p_{2K}^*) < w$ 時，意味著在碳限額情形下多獲取一單位碳排放權所帶來的利潤增加小於購買碳排放權的成本，製造企業將在外部碳交易市場上出售碳排放權。所以，碳限額與交易下的最優銷售價格高於碳限額約束下的最優銷售價格。

當 $\theta(p_{1K}^*) = \theta(p_{2K}^*) = w$ 時，意味著在碳限額情形下多獲取一單位碳排放權所帶來的利潤增加等於購買碳排放權的成本，因此，製造企業將不會進行碳排放權交易。所以，碳限額與交易下的最優銷售價格等於碳限額約束下的最優銷售價格。

由推論 6.7 可知，在製造企業進行碳排放權交易與綠色技術投入組合決策時的產品 1 和產品 2 的最優銷售價格均不低於無碳限額約束時的最優銷售價格，與碳限額約束時的最優銷售價格的關係取決於單位碳排放權增加產生的利潤增加的大小。

為了討論對製造企業期望利潤的影響，可以得到以下命題：

推論6.8：當 $K^* = \sum_{i=1}^{2} k_i(T_i)(y(p_{ic}^*) + z_{ic}^*) + \frac{1}{w}(\pi^n(p^*, z^*) - \pi^c(p_c^*, z_c^*, T_c^*))$ 時：

(1) 若 $K > K^*$，那麼，$\pi^c(p_c^*, z_c^*, T_c^*) > \pi^n(p^*, z^*) > \pi^K(p_K^*, z_K^*)$；
(2) 若 $K = K^*$，那麼，$\pi^c(p_c^*, z_c^*, T_c^*) = \pi^n(p^*, z^*) > \pi^K(p_K^*, z_K^*)$；
(3) 若 $K < K^*$，那麼，$\pi^n(p^*, z^*) > \pi^c(p_c^*, z_c^*, T_c^*) \geq \pi^K(p_K^*, z_K^*)$。

證明：

由前述分析可得 $\pi^c(p_c^*, z_c^*, T_c^*) = \pi^n(p_c^*, z_c^*) - \sum_{i=1}^{2} w(k_i(T_i)(y(p_{ic}^*) + z_{ic}^*) - K)$

考慮 $\pi^c(p_c^*, z_c^*, T_c^*)$ 的極大值性，有：

$\pi^c(p_c^*, z_c^*, T_c^*) \geq \pi^n(p_c^*, z_c^*) - \sum_{i=1}^{2} w(k_i(T_i)(y(p_{ic}^*) + z_{ic}^*) - K)$。

若 $K \geq \sum_{i=1}^{2} k_i(y(p_i^*) + z_i^*)$ 時，在此情形下，$\pi^n(p^*, z^*) = \pi^K(p_K^*, z_K^*)$，所以，$\pi^c(p_c^*, z_c^*, T_c^*) - \pi^K(p_K^*, z_K^*) > -\sum_{i=1}^{2} w(k_i(y(p_i^*) + z_i^*) - K) > 0$，因此，$\pi^c(p_c^*, z_c^*, T_c^*) > \pi^K(p_K^*, z_K^*)$；若 $K < \sum_{i=1}^{2} k_i(y(p_i^*) + z_i^*)$ 時，在此情形下 $K = \sum_{i=1}^{2} k_i(y(p_{iK}^*) + z_{iK}^*)$，由前述分析可知 $\pi^K(p_K^*, z_K^*) = \pi^n(p^*, z^*)$，由此可得 $\pi^c(p_c^*, z_c^*, T_c^*) - \pi^K(p_K^*, z_K^*) \geq -\sum_{i=1}^{2} w(k_i(y(p_{iK}^*) + z_{iK}^*) - K) = 0$，所以，$\pi^c(p_c^*, z_c^*, T_c^*) = \pi^K(p_K^*, z_K^*)$。綜合可得 $\pi^c(p_c^*, z_c^*, T_c^*) \geq \pi^K(p_K^*, z_K^*)$。

若 $K \leq \sum_{i=1}^{2} k_i(T_i)(y(p_{ic}^*) + z_{ic}^*)$，因為 $\pi^c(p_c^*, z_c^*, T_c^*) = \pi^n(p_c^*, z_c^*) - \sum_{i=1}^{2} w(k_i(T_i)(y(p_{ic}^*) + z_{ic}^*) - K) < \pi^n(p_c^*, z_c^*) < \pi^n(p^*, z^*)$，所以 $\pi^c(p_c^*, z_c^*, T_c^*) < \pi^n(p^*, z^*)$；若 $K > \sum_{i=1}^{2} k_i(T_i)(y(p_{ic}^*) + z_{ic}^*)$，則有 $\pi^c(p_c^*, z_c^*, T_c^*) > \pi^n(p_{ic}^*, z_{ic}^*) - \sum_{i=1}^{2} w(k_i(T_i)(y(p_{ic}^*) + z_{ic}^*) - K) > \pi^n(p^*, z^*)$，即 $\pi^c(p_c^*, z_c^*, T_c^*) > \pi^n(p^*, z^*)$。

因此，根據介值定理可知，存在一個 K^*，使得 $\pi^c(p_c^*, z_c^*, T_c^*) = \pi^n(p^*, z^*)$。反解得 $K^* = \sum_{i=1}^{2} k_i(T_i)(y(p_{ic}^*) + z_{ic}^*) + \frac{1}{w}(\pi^n(p^*, z^*) - \pi^c(p_c^*, z_c^*, T_c^*))$。

因為 $\pi(p, z)$ 是關於 K 的遞增函數，因此：

(1) 若 $K > K^*$，那麼，$\pi^c(p_c^*, z_c^*, T_c^*) > \pi^n(p^*, z^*) > \pi^K(p_K^*, z_K^*)$；
(2) 若 $K = K^*$，那麼，$\pi^c(p_c^*, z_c^*, T_c^*) = \pi^n(p^*, z^*) > \pi^K(p_K^*, z_K^*)$；

(3) 若 $K < K^*$，那麼，$\pi^*(p^*, z^*) > \pi^c(p_c^*, z_c^*, T_c^*) \geqslant \pi^K(p_K^*, z_K^*)$。
得證。

由推論 6.8 可知，製造企業進行碳排放權交易與綠色技術投入組合決策時的最大期望利潤不小於有碳限額約束時的期望利潤，其是否高於無碳限額約束下的期望則主要取決於政府初始碳配額的大小。

6.4 數值分析

考慮壟斷市場中一個製造企業生產兩個產品，ε_1 服從正態分佈 $\varepsilon_1 \sim N(20, 4^2)$，$\varepsilon_2$ 服從正態分佈 $\varepsilon_2 \sim N(15, 3^2)$。銷售期結束時，剩餘庫存會按照殘值進行處理。同時，製造企業也會面臨缺貨損失。參數的取值如表 6-2 所示。

表 6-2　　　　　　　　　　模型參數

參數	a	b	c	r	v	k
產品 1	300	3	20	15	10	1
產品 2	200	2	30	20	15	0.8

6.4.1 無碳限額約束情形

通過求解，在無碳限額約束情形下，製造企業的產品 i；$i = 1, 2$ 的最優銷售價格、最優庫存、最優生產量、最優期望利潤、碳排放量和總利潤如表 6-3 所示。

表 6-3　　　　　無碳限額約束情形下製造企業主要指標

參數	p^*	z^*	Q^*	π^*	kQ^*	$\sum_{i=1}^{2}\pi^*$
產品 1	60	25	145	7,315	145	11,672
產品 2	60	15	95	4,357	76	

6.4.2 碳限額約束情形

在碳限額約束下，政府規定的碳限額 $K = 150$。通過求解，在碳限額約束

下，製造企業產品 i；i = 1，2 的最優銷售價格、最優庫存、最優生產量和總利潤如表 6-4 所示。

表 6-4　　　　　碳限額約束情形下製造企業主要指標

參數	p_K^*	z_K^*	Q_K^*	$\sum_{i=1}^{2}\pi_K^*$
產品 1	70	15	105	9,935
產品 2	80	15	55	

通過數值分析可以看到：

（1）由於政府規定的碳限額的存在，在碳限額約束情形下製造企業產品 1 和產品 2 的最優生產量均下降，企業總利潤也有下降。產品 1 和產品 2 的價格均上升，低碳產品的價格提升高於高碳產品。

（2）數值分析說明，在碳限額約束情形下，政府規定的碳限額對製造企業的最優生產與定價決策會產生影響。在碳限額約束下，製造企業的最優生產量和期望利潤不會超過無碳限額約束情形下的最優生產量和期望利潤。但壟斷型市場中的製造企業，可以通過壟斷能力提升產品價格，在一定程度彌補由此產生的利潤損失。

6.4.3　碳排放權交易情形

在碳限額約束下，製造企業進行情形一的決策，即只進行碳排放交易的決策。設 w = [0, 50]，研究 w 在相應區間變化對製造企業最優綠色技術投入水平、最優銷售價格、最優庫存、最優生產量、總利潤和碳排放權交易量的影響變化情況見表 6-5 和圖 6-1。

通過數值分析可以看到：

（1）在碳限額約束情形下，製造企業進行碳排放權交易有助於優化製造企業的生產與定價決策，製造企業會通過外部碳交易市場購買碳排放權以提升產量，並在一定程度上提升價格，以彌補因碳限額約束產生的利潤損失。

（2）單位碳排放權價格 w 的高低將影響碳排放權的購買量，進而影響產品的最優銷售價格、最優庫存、最優生產量和總利潤。通過數值分析可以看到，隨著單位碳排放權價格的不斷增加，企業兩種產品的生產量均呈下降趨勢，其中高碳產品 1 產量降速快於低碳產品 2。企業的碳排放權交易量、總利潤也隨著單位碳排放權價格的增加而降低。產品 1 和產品 2 的價格會隨之上升，其中低碳產品 2 價格提升速快於高碳產品 1。這正好印證了低碳產品一般

利潤空間高於高碳產品。因此對於製造企業來講，市場低碳產品的開發與生產將有利於在碳限額約束下的製造企業的業績提升。

但需要說明的是，當單位碳排放權價格過高時，理論上達到單位碳排放權產生的收益時，企業不會購買碳排放權，企業的總利潤降至碳限額約束情形下的企業期望利潤。

表 6-5　　　　　　　碳排放權交易情形下主要指標

w	W	p_{1e}^*	p_{2e}^*	z_{1e}^*	z_{2e}^*	Q_{1e}^*	Q_{2e}^*	$\sum_{i=1}^{2}\pi_e^*$
10	66	60	60	20	15	140	95	10,979
20	20	70	70	20	15	110	75	10,406
30	20	70	70	20	15	110	75	10,206
40	20	70	70	20	15	110	75	10,006
50	4	70	80	20	15	110	75	9,942

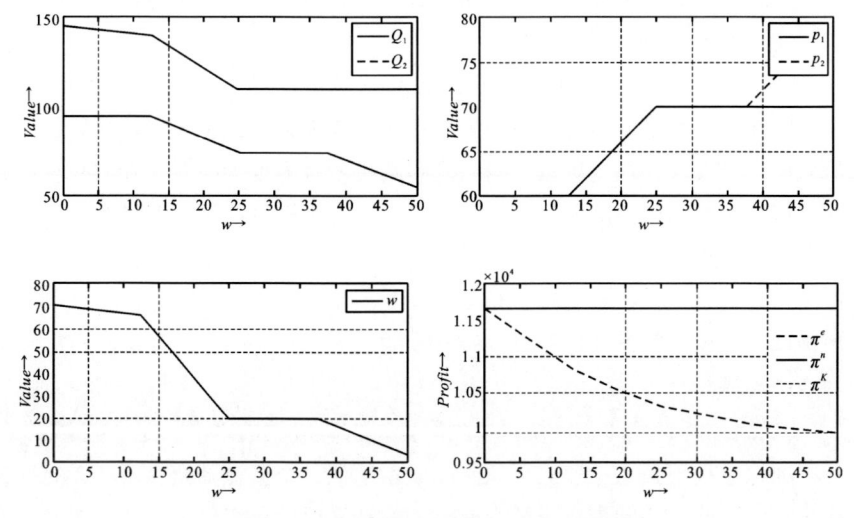

圖 6-1　碳排放權交易情形下主要指標

6.4.4 綠色技術投入情形

碳限額約束下，製造企業進行情形二決策，即只進行綠色技術投入獲得碳排放權的節約，變相獲得額外的碳排放權。其中 $c_i(T)$；$i=1$，2 為製造企業進行綠色技術投入時產品的生產成本，$c'_i(T)>0$，$c''_i(T)>0$，且 $c_i(0)=c_i$。$k_i(T)$ 為企業進行綠色技術投入時，單位產品的碳排放量，$k'_i(T)<0$，$k''_i(T) \geq 0$，且 $k_i(0)=k$。

（1）製造企業僅對產品 2 進行綠色技術投入，設 $\alpha_2 \in [0, 40]$，$\beta_2 \in [0, 0.3]$。研究當 α_2 和 β_2 在相應區間變化對製造企業最優綠色技術投入水平、最優銷售價格、最優庫存、最優生產量，以及總利潤的影響變化情況見表 6-6 和圖 6-1，其中 $(\cdot)=(T_2^*; p_{1t}^*; p_{2t}^*; z_{1t}; z_{2t}; Q_{1t}^*; Q_{2t}^*; \sum_{i=1}^{2}\pi_t^*; W)$。相應函數及參數如下：

$$c(T_2)=c_2+\frac{1}{2}\alpha_2 T_2^2; \ \alpha_2 \in [0, 40]; \ k(T_2)=k_2-\beta_2 T_2; \ \beta_2 \in [0, 0.3]。$$

$y(p_2, T_2)=a_2-b_2 p_2+\delta_2 T_1$，$\delta_2=30$ 表示綠色技術投入對需求的影響係數。

通過表 6-6 和圖 6-2 可以看到：

①當 α_2 確定，即綠色技術投入導致的單位產品成本一定，隨著 β_2 的增加，即綠色技術投入降低單位碳排放水平的效果越好，企業會對產品 2 保持高的綠色技術投入，隨之企業的總利潤和碳排放權剩餘會增加。產品 1 和產品 2 的價格、產量和庫存因子保持相對穩定。這說明綠色技術投入降低單位碳排放水平的效果越好，企業越願意進行綠色技術投入，即使生產與定價決策達到最優。此時，企業存在將剩餘碳排放權出售獲利的可能。極端情況下，當 α_2 的值極低，綠色技術投入降低單位碳排放的效果非常好時，企業可以獲得非常高的期望利潤。

②當 β_2 確定，即綠色技術投入降低單位碳排放的水平一定，隨著 α_2 的增加，即綠色技術投入導致的單位產品成本增加，企業會降低對產品 2 的綠色技術投入。企業的總利潤會降低。產品 1 的產量保持相對穩定，產品 2 的產量會下降。產品 1 價格基本保持穩定，產品 2 的價格會降低。這說明綠色技術投入導致的單位產品成本增加，企業會逐步減少綠色技術投入。在生產與定價決策調整時，首先會利用壟斷市場的價格操縱權調整具有高利潤空間的低碳產品的生產和定價，以減少碳限額約束對企業利潤的影響。

表 6-6　　　綠色技術投入情形下（僅對產品 2）主要指標

$\alpha_1\beta_1$	0.1	0.2	0.3
10	$(1;75;75;0;0;75;80;9,450;19)$	$(1;75;75;0;0;75;80;9,450;27)$	$(1;75;75;0;0;75;80;9,450;35)$
20	$(1;75;75;0;0;75;80;9,050;19)$	$(1;75;75;0;0;75;80;9,050;27)$	$(1;75;75;0;0;75;80;9,050;35)$
30	$(0.8;75;75;0;0;75;74;8,750;22)$	$(0.8;75;75;0;0;75;74;8,750;28)$	$(0.5;75;50;0;0;75;115;8,819;0)$
40	$(0.6;75;75;0;0;75;68;8,580;25)$	$(0.6;75;75;0;0;75;68;8,580;29)$	$(0.5;75;50;0;0;75;115;8,675;0)$

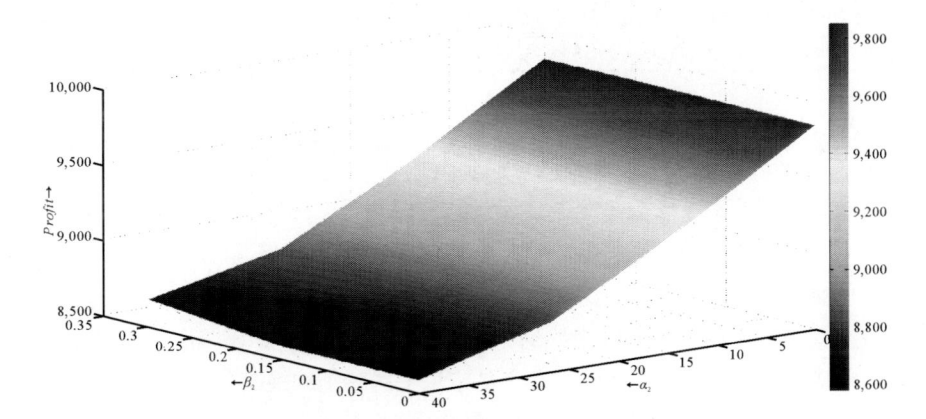

圖 6-2　　綠色技術投入情形下（僅對產品 2）製造企業主要指標

（2）製造企業對產品 1 和產品 2 均進行綠色技術投入，設 $\beta_1 \in [0, 0.4]$，$\beta_2 \in [0, 0.3]$，$\alpha_2 \in [0, 30]$，研究當 β_1、β_2 在相應區間變化對製造企業最優綠色技術投入水平、最優銷售價格、最優庫存、最優生產量，以及總利潤的影響變化情況見表 6-7，其中 $(\cdot) = (T_1^*; T_2^*; p_{1t}; p_{2t}; z_{1t}; z_{2t}; Q_{1t}^*; Q_{2t}^*; \sum_{i=1}^{2}\pi_t^*; W)$。

相應函數及參數如下：

$c(T_1) = c_1 + \frac{1}{2}\alpha_1 T_1^2$；$c_1 = 40$；$\alpha_1 = 40$；$c(T_2) = c_2 + \frac{1}{2}\alpha_2 T_2^2$；$c_2 = 40$；$\alpha_2 = 30$；

$k(T_1) = k_1 - \beta_1 T_1$；$\beta_1 \in [0, 0.4]$；$k(T_2^*) = k_2 - \beta_2 T$；$\beta_2 \in [0, 0.3]$；

$y(p_1, T_1) = a_1 - b_1 p_1 + \delta_1 T_1$，$\delta_1 = 30$；$y(p_2, T_2) = a_2 - b_2 p_2 + \delta_2 T_2$，$\delta_2 = 30$。

通過表 6-7 可以看到：

當 β_1 和 β_2 增加時，即綠色技術投入降低產品單位碳排放的效果提升時，企業會同時提升產品的綠色技術投入，並提升產品 1 和產品 2 的產量，產品 1

和產品2的價格基本保持穩定，企業總利潤和碳排放權剩餘會增加。說明低碳減排技術降低單位碳排放水平的效果越好，越有利於優化企業的生產與定價決策。

表 6-7　　　　　　　　　綠色技術投入情形下主要指標

$\beta_1\backslash\beta_2$	0.1	0.2	0.3
0.1	(0.25;0;70;70;0;0;98;68;9,666;0.94)	(0.25;0;70;70;0;0;98;68;9,666;0.94)	(0.5;0.5;70;70;0;0;105;75;9,919;1.5)
0.2	(0.75;0;70;80;0;0;113;63;9,822;4.38)	(0.5;0.5;70;70;0;0;105;75;9,919;3)	(0.5;0.25;70;70;0;0;105;75;10,130;1.13)
0.3	(0.5;0;70;70;0;0;105;75;10,200;0.75)	(0.75;0.25;70;70;0;0;113;83;10,320;0.94)	(0.75;0.25;70;70;0;0;113;83;10,320;3)
0.4	(0.75;0;70;70;0;0;113;83;10,397;5.25)	(0.75;0;70;70;0;0;113;83;10,397;5.25)	(0.75;0;70;70;0;0;113;83;10,397;5.25)

6.4.5　碳排放權交易與綠色技術投入聯合決策情形

碳限額約束下，製造企業進行情形三的決策，即實施碳排放權交易和綠色技術投入的組合決策。其中 $c_i(T)$，$i=1;2$ 為製造企業進行綠色技術投入時產品的生產成本，$c'_i(T)>0$，$c''_i(T)>0$，且 $c_i(0)=c_i$。$k_i(T)$ 為企業進行綠色技術投入時單位產品的碳排放量，$k'_i(T)<0$，$k''_i(T)\geqslant 0$，且 $k_i(0)=k$。w 為單位碳排放權價格，W 為外部碳交易市場上的碳排放權交易量。

（1）製造企業僅對產品2進行綠色技術投入，設 $\alpha_2 \in [0, 40]$，$\beta_1 \in [0, 0.25]$，$w \in [0, 50]$，研究當 α_2、β_2 和 w 在相應區間變化對製造企業最優綠色技術投入水平、最優銷售價格、最優庫存、最優生產量、總利潤，以及碳排放權交易量的影響變化情況見表6-8，其中 $(\cdot) = (T_2^*; p_{1c}; p_{2c}; z_{1c}; z_{2c}; Q_{1c}^*; Q_{2c}^*; \sum_{i=1}^{2}\pi_c^*; W_c)$。

相應函數及參數如下：

$$c(T_2) = c_2 + \frac{1}{2}\alpha_2 T_2^2;\ c_2 = 40;\ \alpha_2 \in [0, 40];\ k(T_2) = k_2 - \beta_2 T_2;\ \beta_2 \in [0, 0.3];$$

$$y(p_2, T_2) = a_2 - b_2 p_2 + \delta_2 T_2,\ \delta_2 = 30;\ w \in [0, 50]。$$

通過表6-8可以看到，在碳限額約束情形下，製造企業進行綠色技術投入和碳排放權交易組合決有助於優化製造企業的生產與定價決策。在僅對產品2進行綠色技術投入時：

① w 的影響：當 w 較低時，即單位碳排放權價格較低時，企業願意進行碳排放權交易獲得額外碳排放權，並降低綠色技術投入水平。當 w 較高時，企業會降低碳排放權交易量，並提升綠色技術投入水平。

② α_2 的影響：當 α_2 較低時，即綠色技術投入導致的單位產品成本較低

時，企業願意進行綠色技術投入，並降低碳排放權交易量。當 α_2 較高時，企業會降低綠色技術投入水平，並提升碳排放權交易量。

③ β_2 的影響：當 β_2 較低時，即綠色技術投入降低產品單位碳排放的效果較差時，企業願意進行碳排放權交易獲得額外碳排放權，並降低綠色技術投入水平。當 β_2 較高時，企業會降低碳排放權交易量，並提升綠色技術投入水平。

表 6-8　碳排放權交易與綠色技術投入組合情形下（僅對產品 2）
主要參數變化情況

w	25		50	
α_2, β_2	0.15	0.3	0.15	0.3
20	(0.9;65;73;0;0;105;82;9.923;9.53)	(1;65;73;0;0;105;85;10.162;0)	(0.1;65;80;0;0;105;70;9.875;0.5)	(1;65;73;0;0;105;85;10.162;0)
40	(0.5;65;73;0;0;105;70;9.581;5.75)	(0.6;65;73;0;0;105;73;9.730;0.26)	(0.4;65;73;0;0;105;67;9.444;4.58)	(0.6;65;73;0;0;105;73;9.724;0.26)

（2）製造企業對產品 1 和產品 2 均進行綠色技術投入，設 $\beta_1 \in [0, 0.4]$，$\beta_2 \in [0, 0.3]$，$w \in [0, 50]$。研究當 α、β_1、β_2 在相應區間變化對製造企業最優綠色技術投入水平、最優銷售價格、最優庫存、最優生產量、總利潤，以及碳排放權交易量的影響變化情況見表 6-9，其中 $(\cdot) = (T_1^*; T_2^*; p_{1c}; p_{2c}; z_{1c}; z_{2c}; Q_{1c}^*; Q_{2c}^*; \sum_{i=1}^{2} \pi_c^*; W_c)$。

相應函數及參數如下：

$c(T_1) = c_1 + \frac{1}{2}\alpha_1 T_1^2; c_1 = 40; \alpha_1 = 40; c(T_2) = c_2 + \frac{1}{2}\alpha_2 T_2^2; c_2 = 40; \alpha_2 = 30;$

$k(T_1) = k_1 - \beta_1 T_1; \beta_1 \in [0, 0.4]; k(T_2^*) = k_2 - \beta_2 T_2; \beta_2 \in [0, 0.3];$

$y(p_1, T_1) = a_1 - b_1 p_1 + \delta_1 T_1, \delta_1 = 30; y(p_2, T_2) = a_2 - b_2 p_2 + \delta_2 T_2, \delta_2 = 30;$

$w \in [0, 50]$。

通過表 6-9 可以看到：

① w 的影響：當 w 較低時，即單位碳排放權價格較低時，企業願意進行碳排放權交易獲得額外碳排放權，並降低綠色技術投入水平。當 w 較高時，企業會降低碳排放權交易量，並提升綠色技術投入水平。

② β 的影響：當 β 較低時，即綠色技術投入降低產品單位碳排放的效果較差時，企業願意進行碳排放權交易獲得額外碳排放權，並降低綠色技術投入水平。當 β 較高時，企業會降低碳排放權交易量，並提升綠色技術投入水平。

表 6-9　碳排放權交易與綠色技術投入組合情形下主要指標

w	25		50	
β_1,β_2	0.15	0.3	0.15	0.3
0.2	(0.8;0.2;73;73;0;0;107;79;10,108;0.29)	(0.6;0.2;73;65;0;0;101;88;10,158;3.56)	(08;0.2;73;73;0;0;107;79;10,101;0.29)	(0.8;0.2;73;73;0;0;107;79;10,116;0)
0.4	(0.6;0.2;65;73;0;0;123;73;10,413;0)	(0.6;0.2;65;65;0;0;123;88;10,467;8.60)	(0.6;0.2;65;73;0;0;123;73;10,413;0)	(0.6;0.2;65;73;0;0;123;73;10,413;0)

6.5　小結

本章研究了壟斷市場中兩產品製造企業在碳限額與交易政策約束下的生產與定價決策。主要結論如下：

（1）政府規定了碳限額，當兩產品企業最優生產所產生的二氧化碳（CO_2）排放量低於政府規定的碳限額時，企業的生產不受政府規定的碳限額的影響，其最優生產與定價決策退化為無碳限額約束情形下的最優生產與定價決策。當兩產品製造企業最優生產所產生的二氧化碳（CO_2）排放量高於政府規定的碳限額時，企業的生產與定價決策受到政府規定的碳限額的影響，其最優生產與定價決策 Q_{1K}^* 與 Q_{2K}^* 和 p_{1K}^* 與 p_{2K}^* 滿足 $K = \sum_{i=1}^{2} k_i(y(p_i) + z_i)$ 與 $\theta_1(p_{1K}^*) = \theta_2(p_{2K}^*)$。

（2）兩產品製造企業進行情形一的決策，即只考慮進行碳排放權交易決策。存在一個使得企業期望利潤最大化的銷售價格 p_{ie}^*；$i = 1, 2$，生產量 Q_{ie}^*；$i = 1, 2$，且滿足 $\theta_1(p_1^*) = \theta_2(p_2^*) = w$，碳排放權交易量 $W = \sum_{i=1}^{2} k_i(y(p_i) + z_i) - K$。當 $\theta_1(p_1^*) = \theta_2(p_2^*) > w$ 時，製造企業將從外部碳交易市場購買碳排放權來生產更多的產品以獲得更多的利潤。當 $\theta_1(p_1^*) = \theta_2(p_2^*) < w$ 時，製造企業將在外部碳交易市場上出售碳排放權。在此情形下，產品 i；$i = 1, 2$ 的最優銷售價格均不低於無碳限額約束下的銷售價格，其是否高於碳限額約束下的最優銷售價格則主要取決於產品在碳限額約束下的單位碳排放權產生的利潤增加大小。同時，企業期望利潤總是高於碳限額約束下的期望利潤，其是否高於無碳限額約束下的期望利潤則主要取決於政府的初始碳配額量。

（3）兩產品製造企業進行情形二的決策，即只考慮進行綠色技術投入決策。當企業最優生產所產生的二氧化碳（CO_2）排放量低於政府規定的碳限額時，此時製造企業不會進行綠色技術投入，企業的最優生產與定價決策為無碳

限額約束時的最優生產與定價決策。反之，當製造企業最優生產所產生的二氧化碳（CO_2）排放量高於政府規定的碳限額時，製造企業的生產與定價決策受到政府規定的碳限額的影響，製造企業會進行綠色技術投入，最優銷售價格為 p_{it}^*；$i = 1, 2$，最優生產量為 Q_{it}^*；$i = 1, 2$，最優綠色技術投入水平為 $T_1^* \in (0,1)$ 和 $T_2^* \in (0,1)$，且滿足式 6.7。在此情形下，製造企業產品 1 和產品 2 的最優銷售價格均不會高於碳限額約束時的銷售價格，也均不會不低於無碳限額約束下的最優銷售價格，並且適當的綠色技術投入能夠增加生產企業的期望利潤。

（4）兩產品製造企業進行情形三的決策，即碳排放權交易和綠色技術投入的組合決策，存在一個使得製造企業期望利潤最大化的銷售價格 p_{ic}^*；$i = 1, 2$，生產量 Q_{ic}^*；$i = 1, 2$，綠色技術投入水平 T_{ic}^*；$i = 1, 2$，且滿足 $\theta_1(Q_{1c}^*) = \theta_2(Q_{2c}^*) = w$，碳排放權交易量 $W_c^* = \sum_{i=1}^{2} k_i(T_i)(y(p_i, T_i) + z_i) - K$。在此情形下，製造企業產品 1 和產品 2 的最優銷售價格均不低於無碳限額約束時的最優銷售價格，與碳限額約束時的最優銷售價格的關係取決於單位碳排放權增加產生的利潤增加的大小。同時，企業的最大期望利潤不小於有碳限額約束時的期望利潤，其是否高於無碳限額約束下的期望則主要取決於政府初始碳配額的大小。

7 總結與研究展望

7.1 總結

近年來,由於二氧化碳(CO_2)、甲烷(CH_4)等溫室氣體排放增加引起的溫室效應導致全球持續變暖加劇,在全球範圍內減少 CO_2 排放、遏制溫室效應、實施碳減排政策以應對人類生存環境的惡化成為世界各國的共識。由於製造企業在生產、加工過程中會產生 CO_2,在生產運作領域存在諸多的降低碳排放的機會,因此,製造企業成為執行碳減排政策的主力之一。政府碳減排的壓力,給製造企業的營運管理帶來了新的挑戰,使製造企業的生產與定價決策更加複雜,具體表現為決策目標(提高期望利潤和減少碳排放雙重目標)、決策變量(生產、訂貨、定價等傳統決策變量和碳減排背景下出現的碳排放權決策變量)和決策環境(產能、資金等傳統約束和碳減排背景下出現的碳限額約束)的複雜。在此背景下,製造企業如何減少 CO_2 排放,如何調整自己的生產運作行為,如何平衡碳減排需求與經濟效益,如何調整生產及定價決策,是否進行碳減排技術的投入,成為製造企業的決策者必須思考的問題。在此背景下,研究在碳減排政策約束下的製造企業生產與定價決策問題具有極其重要的現實意義。

基於上述原因,本書立足隨機需求,以碳減排壓力下製造企業面臨的新要求為背景,對考慮碳限額與交易政策約束的製造企業生產與定價模型進行了研究。作為研究比較分析的基礎,本書首先研究了一個自由市場中的製造企業,在碳限額與交易政策約束下的生產決策和定價決策問題。在此基礎上,本書又進一步研究了一個壟斷市場中的製造企業,在碳限額與交易政策約束下的生產決策和定價決策。具體研究結論如下:

首先,本書在第三章研究了單一產品製造企業在碳限額與交易政策約束下

的生產決策問題。研究表明：①政府規定的碳限額對製造企業的最優生產決策會產生影響，在碳限額約束下企業最優生產不會超過無碳限額約束情形下的最優生產。②當製造企業只考慮進行碳排放權交易決策情形下，存在一個使得企業期望利潤最大化的生產量和碳排放權交易量。③當製造企業進行情形二的決策，即只考慮進行綠色技術投入決策，當企業最優生產所產生的二氧化碳（CO_2）排放量低於政府制定的碳限額時，此時製造企業不會進行綠色技術投入，企業的最優生產決策為無碳限額約束時的最優生產決策。反之，當製造企業最優生產所產生的二氧化碳（CO_2）排放量高於政府制定的碳限額時，製造企業的生產決策受到政府規定的碳限額的影響，製造企業會進行綠色技術投入，存在一個使得企業期望利潤最大化的生產量和綠色技術投入水平。④當製造企業進行情形三的決策，即製造企業實施碳排放權交易和綠色技術投入的組合決策，存在一個使得製造企業期望利潤最大化的生產量、綠色技術投入水平和碳排放權交易量。

其次，本書在第三章的基礎上，研究了兩產品製造企業在碳限額與交易政策約束下的生產決策問題。研究表明：①政府規定的碳限額對兩產品製造企業的最優生產決策會產生影響，在碳限額約束下企業最優生產不會超過無碳限額約束情形下的最優生產。②當兩產品製造企業進行情形一的決策，即只考慮進行碳排放權交易決策，存在一個使得企業期望利潤最大化的生產組合和碳排放權交易量。③當兩產品製造企業進行情形二的決策，即只考慮進行綠色技術投入決策，當企業最優生產所產生的二氧化碳（CO_2）排放量低於政府制定的碳限額時，此時製造企業不會進行綠色技術投入，企業的最優生產決策為無碳限額約束時的最優生產決策。反之，當製造企業最優生產所產生的二氧化碳（CO_2）排放量高於政府規定的碳限額時，製造企業的生產決策受到政府規定的碳限額的影響，製造企業會進行綠色技術投入，存在一個使得企業期望利潤最大化的生產組合和綠色技術投入水平。④當兩產品製造企業進行情形三的決策，即製造企業實施碳排放權交易和綠色技術投入的組合決策，存在一個使得製造企業期望利潤最大化的生產組合，綠色技術投入水平和碳排放權交易量。

再次，本書在前兩章研究自由市場中製造企業的生產決策的基礎上，研究了壟斷市場中單一產品製造企業在碳限額與交易政策約束下的生產與定價決策問題。研究結果表明：①政府規定的碳限額對製造企業的最優生產與定價決策會產生影響，在碳限額約束下企業的最優生產不會超過無碳限額約束情形下的最優生產。②當製造企業進行情形一的決策，即只考慮進行碳排放權交易決策，存在一個使得企業的期望利潤最大化的銷售價格、生產量和碳排放權交易

量。③當製造企業進行情形二的決策，即只考慮進行綠色技術投入決策，當企業的最優生產所產生的二氧化碳（CO_2）排放量低於政府規定的碳限額時，此時製造企業不會進行綠色技術投入，企業的最優生產與定價決策為無碳限額約束時的最優生產與定價決策。反之，當製造企業最優生產所產生的二氧化碳（CO_2）排放量高於政府規定的碳限額時，製造企業的生產與定價決策受到政府規定的碳限額的影響，製造企業會進行綠色技術投入，存在一個使得企業期望利潤最大化的銷售價格、生產量和綠色技術投入水平。④當製造企業進行情形三的決策，即實施碳排放權交易和綠色技術投入的組合決策，存在一個使得製造企業期望利潤最大化的銷售價格、生產量、綠色技術投入水平和碳排放權交易量。

最后，本書在第五章的基礎上，研究了壟斷市場中兩產品製造企業在碳限額與交易政策約束下的生產與定價決策。研究表明：①政府規定的碳限額對兩產品製造企業的最優生產與定價決策會產生影響，在碳限額約束下企業最優生產不會超過無碳限額約束情形下的最優生產。②當兩產品製造企業進行情形一的決策，即只考慮進行碳排放權交易決策，存在一個使得企業期望利潤最大化的銷售價格組合、生產組合和碳排放權交易量。③當兩產品製造企業進行情形二的決策，即只考慮進行綠色技術投入決策，當企業最優生產所產生的二氧化碳（CO_2）排放量低於政府規定的碳限額時，此時製造企業不會進行綠色技術投入，企業的最優生產與定價決策為無碳限額約束時的最優生產與定價決策。反之，當製造企業最優生產所產生的二氧化碳（CO_2）排放量高於政府制定的碳限額時，製造企業的生產與定價決策受到政府規定的碳限額的影響，製造企業會進行綠色技術投入，存在一個使得企業期望利潤最大化的銷售價格組合、生產組合、綠色技術投入水平。④當兩產品製造企業進行情形三的決策，即實施碳排放權交易和綠色技術投入的組合決策，存在一個使得企業期望利潤最大化的銷售價格組合、生產組合、綠色技術投入水平和碳排放權交易量。

通過對上述研究結果進一步分析，還可以得到以下重要的管理學啟示：

（1）碳排放權交易在實現製造企業碳減排責任的同時，可以促進其合理生產與定價。

通過分析可以發現，不論是自由市場中的製造企業，還是壟斷市場中的製造企業，政府規定的碳限額對製造企業的最優生產與定價決策均會產生影響。在碳限額約束下企業的二氧化碳（CO_2）排放量不會超過政府規定的碳限額，這樣可以有效地實現製造企業承擔二氧化碳（CO_2）減排的社會責任。同時，碳排放權交易也給製造企業帶來更多的靈活性，企業可以通過碳排放權的交易

合理進行生產與定價決策的調整：當碳排放權不足以支撐生產時，企業可以在外部碳交易市場購買碳排放權以維持生產；當碳排放權有剩餘時，企業可以在外部碳交易市場上出售剩餘的碳排放權以獲利。可見，良好的碳限額與交易機制，有利於製造企業進行合理的生產與定價。

(2) 綠色技術投入能夠在一定程度上增加製造企業的期望利潤。

在碳限額與交易政策下，製造企業通過綠色技術投入決策，可以降低單位產品的碳排放量，一方面可以獲得碳排放權節約，獲得額外的碳排放權，以維持或擴大生產；另一方面，當製造企業通過綠色技術投入獲得的額外碳排放權有剩餘時，企業還可以在外部碳交易市場出售剩餘的碳排放權獲利。而且，綠色技術投入降低單位碳排放的效果越好，降低二氧化碳（CO_2）量就越多，企業的利潤增加就越多，企業就越願意進行碳減排技術的投入。

(3) 在碳限額與交易政策中政府應發揮積極的作用。

製造企業進行碳排放權交易時的最大期望利潤是高於（等於、低於）無碳限額約束時的利潤取決於政府期初給予製造企業的碳配額。因此科學合理地確定初始碳配額將是政府的重要任務。同時，製造企業進行碳減排技術投入的條件是進行綠色技術投入後的單位碳排放權邊際成本低於市場上單位碳排放權的價格。因此一方面在碳排放權交易機制的制定及形成上政府應加以引導，調動企業加大碳減排技術投入的積極性，降低二氧化碳（CO_2）的排放量；另一方面，政府應通過稅收減免，財政補貼等方式引導和激勵企業進行低碳減排技術的創新，鼓勵製造企業進行碳減排技術的研發，提升碳減排技術降低二氧化碳（CO_2）排放的效果，促進掌握核心低碳減排技術的企業形成更大的碳減排能力和競爭優勢。

7.2 研究展望

本書研究了在碳限額與交易政策約束下製造企業的生產決策和定價決策。主要研究結論可以為製造企業在碳限額與交易政策約束下生產與定價決策的制定提供理論指導。同時，也可以為政府的碳限額政策制定、外部碳交易市場機制的構建提供一定的啟發與思路。但本書的研究仍然存在一些不足，就理論研究的進一步完善而言，還可以從以下幾個方面考慮：

(1) 碳限額與交易政策約束下，製造企業多週期產品的生產與定價決策。本書在研究過程中，研究對象均為單週期產品，而現實中，整個計劃週期

內的價格都不是固定不變的，不同週期之間可能存在替代，或者交叉價格影響。這些因素使得多週期優化問題變得異常複雜，但這卻是製造企業普遍存在的實際問題，因此，將該領域的成果延展到多週期和無限計劃週期是一個非常值得研究的問題。

（2）碳限額與交易政策約束下，碳敏感型產品製造企業的生產與定價決策。

本書在研究過程中，研究的產品屬於一般性，沒有考慮碳敏感型產品對需求的影響。隨著消費者環保意識的逐漸增強，購買低碳產品能給消費者帶來心理安全、社會責任感等額外效用，並願意為此支付更高的價格。這已經成為製造企業新的利潤來源之一。因此，未來的研究可以在碳限額與交易政策約束下，進一步分析在碳敏感型產品需求對製造企業的生產與定價決策的影響，使研究更符合現實。

（3）碳限額與交易政策約束下，競爭市場態勢下的製造企業生產與定價決策。

本書在研究過程中，並未將市場的結構與競爭態勢納入研究範疇，這與現實不盡相符。在現實生活中，經常會出現兩個或兩個以上具有競爭性的製造企業，製造企業競爭可能存在產品的替代。這些因素使得製造企業管理決策變得異常複雜，但這正是製造企業普遍面臨的實際問題。因此，未來可以從考慮存在兩個甚至多個競爭企業的市場態勢下，研究製造企業的生產決策與定價決策問題。

（4）更加深入的實證研究。

本書的研究主要以理論研究為主，通過建模、求解，在碳限額與交易政策約束下，製造企業的生產決策與定價決策。儘管在研究過程中通過對相關研究結論進行了分析，得到了相關的管理學啟示，但是利用行業真實數據進行實證研究和案例研究還需要進一步加強。只有通過實證和案例研究，才能更好地驗證本書的研究結論，為后續研究提供新的方向，並實現產學研的有機結合。

參考文獻

[1] IPCC. 氣候變化 1990：綜合報告 [R]. 日內瓦：IPCC, 1990.

[2] IPCC. 氣候變化 1995：綜合報告 [R]. 日內瓦：IPCC, 1995.

[3] IPCC. 氣候變化 2001：綜合報告 [R]. 日內瓦：IPCC, 2001.

[4] IPCC. 氣候變化 2007：綜合報告 [R]. 日內瓦：IPCC, 2007.

[5] IPCC. 氣候變化 2014：綜合報告 [R]. 日內瓦：IPCC, 2014.

[6] Perrott S F A, Huang Y S, Perrott R A, et al. Impact of lower atmospheric carbon dioxide on tropical mountain ecosystms [J]. Science, 1997, 11 (5342)：1422-1426.

[7] Huang Y S, Perrott S F A, Metcalfe S E, et al. Climate change as the dominant control on glacial–interglacial variations in C3 and C4 plant abundance [J]. Science, 2001, 8 (5535)：1647-1651.

[8] Fitter H, Fitter R S R. Rapid changes in flowering time in British plants [J]. Science, 2002, 6 (5573)：1689-1691.

[9] Alward R D, Detling J K. Grassland vegetation changes and nocturnal global warming [J]. Science, 1999, 1 (5399)：229-231.

[10] Grime J P, Brown V K, Milchunas D G. The response of two contrasting limestone grasslands to simulated climate change [J]. Science, 2000, 8 (5480)：762-765

[11] Bush M B, Silman M R, Urrego D H. 48,000 years of climate and forest change in a biodiversity hot spot [J]. Science, 2001, 11 (5659)：827-829.

[12] Shaw M R, Zavaleta E S, Chiariello N R, et al. Grassland responses to global environmental changes suppressed by elevated CO_2 [J]. Science, 2002, 12 (5600)：1987-1990.

[13] Jolly D, Haxeltine A. Effect of low glacial atmospheric CO_2 on tropical Af-

rican Montane vegetation [J]. Science, 1997, 5 (5313): 786-788.

[14] Johnson B J, Miller G H, Fogel M L, et al. 65, 000 years of vegetation change in central australia and the australian summer monsoon [J]. Science, 1999, 5 (5417): 1150-1152.

[15] Zeng N, Neelin J D, Lau K M, et al. Enhancement of interdecadal climate variability in the Sahel by vegetation interaction [J]. Science, 1999, 11 (5444): 1537-1540.

[16] Herbert T D, Schuffert J D, Andrease D, et al. Collapse of the california current during glacial maxima linked to climate change on land [J]. Science, 2001, 7 (5527): 71-76.

[17] Lucht W, Prentice I C, Sitch S, et al. Climatic control of the high-latitude vegetation greening trend and Pinatubo effect [J]. Science, 2002, 5 (5573): 1687-1689.

[18] Goulden M L, Munger J W, Fan S M, et al. Exchange of carbon dioxide by a deciduous forest: response to interannual climate variability [J]. Science, 1996, 3 (5255): 1576-1578.

[19] Wedin D A, Tilman D. Influence of nitrogen loading and species composition on the carbon balance of grasslands [J]. Science, 1996, 12 (5293): 1720-1723.

[20] Braswell B H, Schimel D S, Linder E, et al. The Response of global terrestrial ecosystems to interannual temperature variability [J]. Science, 1997, 10 (5339): 870-873.

[21] Walker B H, Steffen W L, Canadell J, et al. In: The Terrestrial Biosphere and Global Change: Implications for Natural and Managed Ecosystems [M]. Cambridge: Cambridge Univ Press, 1999: 762.

[22] Kremen C, Niles J O, Dalton M G, et al. Economic Incentives for Rain Forest Conservation Across Scales [J]. Science, 2000, 6 (5472): 1828-1832.

[23] Schimel D, Melillo J. Contribution of increasing CO_2 and climate to carbon storage by ecosystems in the United States [J]. Science, 2000, 3 (5460): 2004-2006.

[24] Schulze E D, Wirth C, Heimann M. Managing forests after Kyoto [J]. Science, 2000, 9 (5487): 2058-2059.

[25] Melillo J M, Steudler P A, Aber J D, et al. Soil warming and carbon-cy-

cle feedbacks to the climate system [J]. Science, 2002, 12 (5601): 2173-2176.

[26] 周濤, 史培軍. 氣候變化及人類活動對中國土壤有機碳儲量的影響 [J]. 地理學報, 2003, 5 (5): 727-734.

[27] 鄭新奇, 姚慧, 王筱明. 20世紀90年代以來《Science》關於全球氣候變化研究述評 [J]. 生態環境, 2005, 14 (3): 422-428.

[28] Boyd E, Bozmoski A, Cole J, et al. Reforming the CDM for sustainable development: lessons learned and policy futures [J]. Environmental Science & Policy. 2009: 820-831

[29] Tietenberg T H. Economicinstruments for environmental regulation [J]. Oxford Review of Economic Policy, 1985, 6 (1): 395-418.

[30] Jin M, Granda-Marulanda N A, Down I. The impact of carbon policies on supply chain design and logistics of a major retailer [J]. Journal of Cleaner Production, 2013 (8): 42.

[31] 趙玉煥. 碳稅對芬蘭產業國際競爭力影響的實證研究 [J]. 北方經貿, 2011 (3): 72-74.

[32] 周劍, 何建坤. 北歐國家碳稅政策的研究及啟示 [J]. 環境保護, 2008 (22): 70-73.

[33] 陳暉. 澳大利亞碳稅立法及其影響 [J]. 電力與能源, 2012 (1): 6-9.

[34] Keohane N O. Cap and trade, rehabilitated: Using tradable permits to control US greenhouse gases [J]. Review of Environmental Economics and Policy, 2009, 3 (1): 42-62.

[35] Böhringer C. Two Decades of European Climate Policy: A Critical Appraisal [J]. Review of Environmental Economics and Policy, 2014, 8 (1): 1-17.

[36] 梅德文. 中國GDP占世界10% 碳排放增量占世界45% [EB/OL]. http://www.tanpaifang.com/tanjiliang/2013/0225/15641.html, 2013-03-04.

[37] 參考消息. 中國設定2016—2020年碳排放上限年百億噸 [EB/OL]. http://china.cankaoxiaoxi.com/2014/1211/594341.shtml, 2014-12-10.

[38] 章升東, 宋維明, 李怒雲. 國際碳市場現狀與趨勢 [J]. 世界林業研究, 2005, 18 (5): 9-13.

[39] 新華社. 中國共產黨十八屆三中全會公報發布（全文）[EB/OL]. http://news.xinhuanet.com/house/tj/2013-11-14/c_118121513.html, 2013-11-14.

［40］WRI. WRI對中國碳排放交易試點的梳理與展望［EB/OL］. http://www.wri.org.cn/xinwen/duizhongguotanpaifangjiaoyishidiandeshuliyuzhanwang.

［41］朱玲玲. 中國工業分行業碳排放影響因素研究［D］. 哈爾濱：哈爾濱工業大學，2013：16-17.

［42］江生生. 工業行業碳排放與工業產值的關係研究［D］. 北京：北京林業大學，2014：23-25.

［43］Echeverría R, Moreira V H, Sepúlveda C, et al. Willingness to pay for carbon footprint on foods［J］. British Food Journal, 2014, 116 (2): 186-196.

［44］UK Department of Trade and Industry. UK Government Energy White Paper: Our Energy Future—Creating a Low Carbon Economy［R］. London: TSO, 2003.

［45］保羅·魯賓斯. 聽英國專家細釋「低碳經濟」［N］. 新華日報，2008-04-05（A02）.

［46］莊貴陽. 中國經濟低碳發展的途徑與潛力分析［J］. 國際技術經濟研究，2005，8（3）：8-12.

［47］莊貴陽. 氣候變化挑戰與中國經濟低碳發展［J］. 國際經濟評論，2007（5）：50-52.

［48］夏良杰. 基於碳交易的供應鏈營運協調與優化研究［D］. 天津：天津大學，2013：10-11.

［49］王陟昀. 碳排放權交易模式比較研究與中國碳排放權市場設計［D］. 長沙：中南大學，2011：4-5.

［50］聶力. 中國碳排放權交易博弈分析［D］. 北京：首都經濟貿易大學，2013：24.

［51］Dales J H. Pollution, Property, and Prices［M］. Toronto: University of Toronto Press, 1968.

［52］Montgomery D. Markets in Licenses and Efficient Pollution Control Programs［M］. Journal of Economic Theory, 1972（5）：395-418.

［53］Tietenberg T H. 排放權交易——污染控制政策改革［M］. 崔衛國，範紅延，譯. 北京：三聯書店，1992.

［54］曹明德. 排污權交易制度探析［J］. 法律科學-西北政法學院學報，2014（4）：100-106.

［55］曹明德. 從工業文明到生態文明的跨越［J］. 人民論壇，2010（2）：18-20.

[56] Oberthiir S, Ott H E. The Kyoto protocol: international climate policy for the 21stcentury. Berlin/Heidelberg/New York: Springer. 1999.

[57] 楊鑒.基於碳排放交易政策的企業生產決策研究[D].上海:華東理工大學, 2012.

[58] Hertwich E G, Peters G P. Carbon Footprint of Nations: A Global, Trade-Linked Analysis [J]. Environmental Science & Technology, 2009, 43 (16): 6414-6420.

[59] 馬娜.考慮消費者行為的供應鏈碳減排協同策略研究[D].上海:華東理工大學, 2012.

[60] 朱慧贇.碳排放政策下企業製造/再製造生產決策研究[D].上海:華東理工大學, 2012.

[61] 尹希果,霍婷.國外低碳經濟研究綜述[J].中國人口·資源與環境, 2010, 20 (9): 18-23.

[62] Hoel M. Harmonization of Carbon Taxes in International Climate Agreements [J]. Environmental and Resource Economics. 1993, 1 (3): 221-231.

[63] Goulder L H. Effects of Carbon Taxes in an Economy with Prior Tax Distortions: An Intertemporal General Equilibrium Analysis [J]. Journal of Environmental Economics and Management. 1995, 1 (29): 271-297.

[64] 李偉,張希良,周劍,等.關於碳稅問題的研究[J].稅務研究, 2008 (3): 20-22.

[65] 樊綱.走向低碳發展:中國與世界——中國經濟學家的建議[M].北京:中國經濟出版社, 2010.

[66] 張曉盈,鐘錦文.碳稅的內涵、效應與中國碳稅總體框架研究[J].復旦學報(社會科學版), 2011 (4): 92-101.

[67] Baldwin R. Regulation lite: The rise of emissions trading [J]. Regulation & Governance, 2008 (2): 193-215.

[68] 孫丹,馬曉明.碳配額初始分配方法研究[J].生態經濟(學術版), 2013 (2): 81-85.

[69] Burtraw D, Palmer K, Kahn D. Allocation of CO_2 Emission Allowances in theRegional Greenhouse Gas Cap-and—Trade Program. 2005. Working Paper, Resources For the Future. Washington http://www.rff.org/documents/RFF-DP-05-25.pdf.

[70] Albrecht J. Tradable CO_2 permits for cars and trucks [J]. Journal of Clear

production, 2001 (9): 179-189.

[71] Parry I W H. Are emissions permits regressive [J]. Journal of Environmental Economicsand Management, 2004 (47): 364-387.

[72] Smale R, Hartley M, Hepburn C. The impact of CO_2 emissions trading on firm profits and market prices [J]. Climate Policy, 2006, 6 (1): 31-48.

[73] Bode S. Multi-period emissions trading in the electricity sector-winners and losers [J]. Energy Policy, 2006, 34 (6): 680-691.

[74] Pizer W, Burtraw D, Harrington W, et al. Modeling economy wide vssectoral climate policies using combined aggregate-sectoral models [J]. The Energy Journal, 2006, 27: 135-168.

[75] László S, Ignacio H, Juan C C, et al. CO_2 emission trading within the European Union and Annex B countries: the cement industry case [J]. Energy Policy 2006, (34): 72-87.

[76] Lund P. Impacts of EU carbon emission trade directive on energy-intensiveindustries-indicative micro-economic analysis [J]. Ecological Economics 2007, 63 (4): 799-806.

[77] Bonacina M. Electricity pricing under carbon emissions trading: A dominant firm with competitive fringe model [J]. Energy Policy, 2007, 35 (8): 4200-4220.

[78] Demailly D, Quirion P. European emission trading scheme and competitiveness: a case study on the iron and steel industry [J]. Energy Economics, 2007, 30 (4): 2009-2027.

[79] Perroni C, Rutherford T F. International Trade in Carbon Emission Rights and Basl´cMateriaJs 2 General Equilibrium Calculations for 2020 [J]. The Scandinavian Journal ofEconomics. 1993, 1 (3): 257-278.

[80] Aldy J E, Krupnick A J, Newell R G. Designing Climate Mitigation Policy [R]. National Bureau of Economic Research, 2009: 8-16.

[81] Hahn R W, Stavins R N. The effect of allowance allocations on Cap-and-Trade system [R]. National Bureau of Economic Research, 2010.

[82] 魏東, 岳杰. 低碳經濟模式下的碳排放權效率探析 [J]. 山東社會科學, 2010 (8): 34-41.

[83] Johnson E, Heinen R. Carbon trading: time for industry involvement [J]. Environment International, 2004, 30 (2): 279-288.

[84] Stranlund J. The regulatory choice of noncompliance in emissions trading programs [J]. Environmental and Resource Economics, 2007, 38 (1): 99-117.

[85] Paksoy T. Optimizing a supply chain network with emission trading factor [J]. Scientific Research and Essays, 2010, 5 (17): 2535-2546.

[86] Rose A, Stevens B. The Efficiency and Equity of Marketable Permits for CO_2 Emission [J]. Resource and Energy Economics, 1993, 15 (1): 117-146.

[87] Ekins P, Barker T. Carbon taxes and carbon emissions trading [J]. Journal of economic surverys, 2001, 15 (3): 325-376.

[88] Stern N. The Economics of Climate Change: The Stern Review [M]. Cambridge, UK: Cambridge University Press, 2007.

[89] Cramton P, Kerr S. Tradeable carbon permit auctions: How and why to auction not grandfathering [J]. Energy Policy, 2002, 30 (4): 333-345.

[90] Boemare C, Quirion P. Implementing greenhouse gas trading in Europe: Lessons from economic literature and international experiences [J]. Ecological Economics, 2002, 43 (2): 213-230.

[91] Kuikr O, Mulder M. Emission trading and competitiveness: pros and cons of relative and absolute schemes [J]. Energy Policy, 2004, 32 (6): 737-745.

[92] Rehdanz K, Tol R S J. Unilateral Regulation of Bilateral Trade in Greenhouse Gas Emission Permits [J]. Ecological Economics, 2005, 54 (4): 397-416.

[93] Murray B C, Newell R G, Pizer W A. Balancing cost and emissions certainty: an allowance reserve for Cap-and-Trade [J]. Review of Environmental Economics and Policy, 2009, 3 (1): 84-103.

[94] Lee Y B, Lee C K. A Study on International Emissions Trading [J]. The Journal of American Academy of Business. 2011, 16 (2): 173-181.

[95] Betz R, Seifert S, Cramton P. Auctioning greenhouse gas emissions permit in Australia [J]. Australian Journal of Agricultural and Resource Economics, 2010, 54 (2): 219-238.

[96] Goeree J K, Palmer K, Holt C A. An experimental study of auctions versus grandfathering to assign pollution permits [J]. Journal of the European Economic Association, 2010, 8 (2-3): 514-525.

[97] Lopomo G, Marx L M, McAdams D. Carbon allowance auction design: An assessment of options for the United States [J]. Review of Environmental Economics and Policy. 2011, 5 (1): 25-43.

［98］Zetterberg L, Wrake M, Sterner T. M Short-run allocation of emissions allowances and long-term goals for climate policy ［J］. Ambio: Journal of human Environment, 2012, 41（1）: 23-32.

［99］Subramanian R, Gupta S, Talbot B. Compliance Strategies under Permits for Emissions ［J］. Production and Operations Management, 2007, 16（6）: 763-779.

［100］Shammin M R, Bullard C W. Impact of cap-and-trade policies for reducing greenhouse gas emissions on U. S. households ［J］. Ecological Economics, 2009, 68（8）: 2432-2438.

［101］Ahn C, Lee S H, Peña-Mora F, et al. Toward environmentally sustainable construction processes: the U. S. and Canada's perspective on energy consumption and GHG/CAP emissions ［J］. Sustainability, 2010, 2（1）: 354-370.

［102］Brodach F G. The Value of Tradable Emission Permits – Development andExemplary Application of a Valuation Method Based on Internal Opportunity Costs ［D］. Stanford: the University of St. Gallen. Graduate School of Business Administration, Economics, Law and Social Sciences. 2007.

［103］Schultz K, Williamson P. Gaining Competitive Advantage in a Carbon-constrained World: Strategies for European Business ［J］. European Management Journal, 2005, 23（4）: 383-391.

［104］Penkuhn T, Spengler T, Püchert H, et al. Environmental integrated production planning for ammonia synthesis ［J］. European Journal of Operational Research, 1997, 97（2）: 327-336.

［105］Dobos I. The effects of emission trading on production and inventories in the Arrow-Karlinmodel ［J］. International Journal of Production Economics, 2005, 93（8）: 301-308.

［106］Letmathe P, Balakrishnan N. Environmental consideration on the optimal product mix ［J］. European Journal of Operational Research, 2005, 167（2）: 398-412.

［107］Rong A Y, Lahdelma R. CO_2 emissions trading planning in combined heat and power production via multi-period stochastic optimization ［J］. European Journal of Operational Research, 2007, 176（3）: 1874-1895.

［108］杜少甫, 董駿峰, 梁樑, 等. 考慮排放許可與交易的生產優化 ［J］. 中國管理科學, 2009, 17（3）: 81-86.

[109] Rosič H, Bauer G, Jammernegg W. A framework for economic and environmental sustainability and resilience of supply chains [M]. Rapid Modelling for Increasing Competitiveness. Springer London, 2009: 91-104.

[110] Arslan M C, Turkay M. 2010. EOQ revisited with sustainability considerations, Working Paper, Koc University, Kuwait City.

[111] Zhang J, Nie T, Du S. Optimal emission-dependent production policy with stochastic demand [J]. Journal International Journal of Society Systems Science. 2011, 3 (1-2): 21-39.

[112] 桂雲苗, 張廷龍, 龔本剛. CVaR測度下考慮碳排放的生產決策研究[J]. 計算機工程與應用, 2011, 47 (35): 7-10.

[113] 何大義, 馬洪雲. 碳排放約束下製造企業生產與存儲策略研究 [J]. 資源與產業, 2011, 13 (2): 63-68.

[114] Bouchery Y, Ghaffari A, Jemai Z. Including sustainability criteria into inventory models [J]. European Journal of Operational Research, 2012, 222 (2): 229-240.

[115] Tsai W H, Lin W R, Fan Y W, et al. Applying a mathematical programming approach for a green product mix decision [J]. International Journal of Production Research, 2012, 50 (4): 1171-1184.

[116] Hong Z, Chu C, Yu Y. Optimization of production planning for green manufacturing [C]. 9th IEEE International Conference on Networking, Sensing and Control (ICNSC), April11-14, Paris, Frances, 2012: 193-196.

[117] Lu L, Chen X. Optimal production policy of complete monopoly firm with Carbon Emissions Trading [C]. Computer Science and Information Processing (CSIP), 2012 International Conference on IEEE, 2012: 482-485.

[118] Song J, Leng M. Analysis of the single-period problem under carbon emissions policies [M]. Handbook of Newsvendor Problems: International Series in Operations Research & Management Science. Springer, New York, 2012: 297-313.

[119] Yann B, Asma G, Zied J, et al. Including sustainability criteria into inventory models [J]. European Journal of Operational Research. 2012, 222 (2): 229-240.

[120] 夏良杰, 趙道政, 李友東. 考慮碳交易的政府及雙寡頭製造企業減排合作與競爭博弈 [J]. 統計與決策, 2013 (9): 44-48.

[121] Chen X, Chan C K, Lee Y C E. Responsible production policies with

substitution and carbon emissions trading. Working paper, The Hong Kong Polytechnic University, 2013.

[122] Rosic H, Jammernegg W, The economic and environmental performance of dual sourcing: A newsvendor approach [J]. International Journal of Production Economics, 2013, 143 (1): 109-119.

[123] 魯力, 陳旭. 不同碳排放政策下基於回購合同的供應鏈協調策略研究 [J]. 控製與決策, 2014. DOI: 10. 13195/j. kzyjc. 2013. 1486.

[124] 魯力. 碳限額與交易政策下製造企業的綠色生產決策 [J]. 技術經濟, 2014, 33 (3): 47-53.

[125] Giraud-Carrier F C. Pollution regulation and production in imperfect markets [D]. The University of Utah, 2014.

[126] Hua G, Cheng T C E, Wang S. Managing carbon footprints in inventory management [J]. International Journal of Production Economics, 2011, 132 (2), 178-185.

[127] 朱躍釗. 基於B_S定價模型的碳排放權交易定價研究 [J]. 科技進步與對策, 2013, 30 (5): 27-30.

[128] Zhang B, Xu L. Multi-item production planning with carbon cap and trade mechanism [J]. International Journal of Production Economics, 2013, 144 (1): 118-127.

[129] Choi T M. Carbon footprint tax on fashion supply chain systems [J]. The International Journal of Advanced Manufacturing. 2013, 68 (4): 835-847.

[130] 侯玉梅, 尉芳芳. 碳權交易價格對閉環供應鏈定價的影響 [J]. 燕山大學學報 (哲學社會科學版), 2013, 14 (2): 103-108.

[131] 趙道致, 原白雲, 徐春秋. 考慮消費者低碳偏好未知的產品線定價策略 [J]. 系統工程, 2014, 32 (1): 77-81.

[132] 高舉紅, 王海燕, 孟燕莎. 基於補貼與碳稅的閉環供應鏈定價策略 [J]. 工業工程, 2014, 17 (3): 61-67.

[133] 馬秋卓, 宋海清, 陳功玉. 考慮碳交易的供應鏈環境下產品定價與產量決策研究 [J]. 中國管理科學, 2014, 22 (8): 37-46.

[134] 馬秋卓, 宋海清, 陳功玉. 碳配額交易體系下企業低碳產品定價及最優碳排放策略 [J]. 管理工程學報, 2014, 28 (2): 217-136.

[135] Klingelhöfer H E. Investments in EOP-technologies and emissions trading - Results from a linear programming approach and sensitivity analysis [J].

European Journal of Operational Research, 2009, 196 (1): 370-383.

[136] Zhao J, Hobbs B F, Pang J S. Long-Run Equilibrium Modeling of EmissionsAllowance Allocation Systems in Electric Power Markets [J]. Operations Research, 2010, 58 (3): 529-548.

[137] Drake D, Kleindorfer P R, Wassenhove L N. Technology Choice and CapacityInvestment under Emissions Regulation. 2010. Working Paper, INSEAD.

[138] Krass D, Nedorezov T, Ovchinnikov A. Environmental Taxes and the Choice of GreenTechnology. 2010. Working Paper, University of Virginia.

[139] 常香雲, 朱慧贇. 碳排放約束下企業製造/再製造生產決策研究 [J]. 科技進步與對策, 2012, 29 (11): 75-78.

[140] Toptal A, Özlü H, Konur D. Joint decisions on inventory replenishment and emission reduction investment under different emission regulations [J]. International Journal of Production Research, 2014, 52 (1): 243-269.

[141] Masanet E, Kramer K J, Homan G, et al. Assessment of household carbon footprint reduction potentials [R]. California: California Energy Commission, 2008.

[142] Corinne R W, David D. A discussion of greenhouse gas emission tradeoffs and water scarcity within the supply chain [J]. Journal of Manufacturing Systems, 2009, 28 (1): 23-27.

[143] Akker V D. Carbon Regulated Supply Chains: Calculating and reducing carbondioxide emissions for an eye health company [D]. Copenhagen; Eindhoven University of Technology, 2009.

[144] Kim N S, Janic M, Van Wee G P. Trade-off between carbon dioxide emissions and logistics costs based on multiobjectiveoptimization [J]. Transportation Research Record: Journal of the Transportation Research Board, 2009, 2139 (1): 107-116.

[145] Hoen K, Tan T, Fransoo J, et al. Effect of carbon emission regulations on transport mode selection under stochastic demand. Working Paper, Eindhoven University of Technology, The Netherlands, 2009.

[146] Hoen K, Tan T, Fransoo J, et al. Effect of carbon emission regulations on transport mode selection in supply chains. Working paper: Eindhoven University of Technology, Netherlands, 2010.

[147] Hoen K, Tan T, Fransoo J, et al. Switching Transport Modes to Meet

Voluntary Carbon Emission Targets. Working paper, School of Industrial Engineering, Eindhoven University of Technology, October 17, 2011.

[148] Ramudhin A, Chaabane A, Kharoune M, et al. Carbon Market Sensitive Green Supply Chain Network Design [C]. IEEE International Conference on Industrial Engineering and Engineering Management, 2008: 1093-1097.

[149] Diabat, Simchi-Levi. A carbon-capped supply chain network problem [C]. IEEE International Conference on Industrial Engineering and Engineering Management. 2009: 523-527.

[150] Cachon G P. Carbon footprint and the management of supply chains [A]. The Informs Annual Meeting [C]. San Diego: 2009.

[151] Cholette S, Venkat K. The energy and carbon intensity of wine distribution: a study of logistical options for delivering wine to consumers [J]. Journal of Cleaner Production. 2009, 17 (16): 1401-1413.

[152] Harris I, Naim M, Palmer A, et al. Assessing the impact of cost optimization based on infrastructure modelling on CO_2 emissions [J]. International Journal of Production Economics, 2011, 131 (1): 313-321.

[153] Ramudhin A, Chaabane A, Paquet M. Carbon market sensitive sustainable supply chainenetwork design [J]. International Journal of Management Science and Engineering Management, 2010, 5 (1): 30-38.

[154] Sundarakani B, de Souza R, Goh M, et al. Modeling carbon footprints across the supplychain [J]. International Journal of Production Economics, 2010, 128 (1): 43-50.

[155] Sadegheih A. Optimal design methodologies under the carbon emission trading programusing MIP, GA, SA and TS [J]. Renewable and Sustainable Energy Reviews, 2011, 15 (1): 504-513.

[156] Cachon G P. Supply chain design and the cost of greenhouse gas emissions [R]. Pennsylvania: University of Pennsylvania, 2011.

[157] Chaabane A, Ramudhin A, Paquet M. Design of sustainable supply chains under theemission trading scheme [J]. International Journal of Production Economics, 2012, 135 (1): 37-49.

[158] Hugo A, Pistikopoulos E N. Environmentally conscious long-range planning and design of supply chain networks [J]. Journal of Cleaner Production: Recent advances in Industrial Process Optimization, 2005, 13 (15): 1471-1491.

[159] Carbon T. Carbon footprint in supply chain: the next step for business [R]. Report Number CTC616, November2006, The Carbon Trust, London, UK. http://www.carbontrust.co.uk.

[160] Benjaafar S, Li Y, Daskin M. Carbon footprint and the management of supply chains: Insights from simple models [J]. IEEE Transactions on Automation Science and Engineering, 2013, 10 (1): 99-116.

[161] Kemp R P M. Environmental policy and technical change: a comparison of the technological impact of policy Instrument [M]. Edawrd Elgar Publishing, Cheltenham, UK, 1997.

[162] 張靖江. 考慮排放許可與交易的排放依賴型生產運作優化 [D]. 合肥: 中國科學技術大學, 2010.

[163] Subramanian R, Talbot B, Gupta S. An approach to integrating environmental considerations within managerial decision-making [J]. Journal of Industrial Ecology, 2010, 14 (3): 378-398.

[164] Lee K H. Integrating carbon footprint into supply chain management: the case of Hyundai Motor Company (HMC) in the automobile industry [J]. Journal of Cleaner Production, 2011, 19 (11): 1216-1223.

[165] Hua G W, Cheng T C E, Wang S Y. Managing Carbon Footprints in Inventory Management [J]. International Journal of Production Economics, 2011 (132): 178-185.

[166] Wahab M I M, Mamun S M H, Ongkunaruk P. EOQ models for a coordinated two-level international supply chain considering imperfect items and environmental impact [J]. International Journal of Production Economics, 2011, 134 (1): 151-158.

[167] Erica L, Plambeck. Reducing greenhouse gas emissions through operations and supply chain management [J]. Energy Economics. 2012, 34 (1): 64-74.

[168] Mohamad Y, Jaber H, El Saadany A M A, et al. Supply chain coordination with emissions abatement incentives [J]. International Journal of Production Research, 2013, 53 (1): 69-82.

[169] Jaber M Y, Glock C H, EI Saadany A M A. Supply chain coordination with emissions reduction incentives [J]. International Journal of Production Research, 2013, 51 (1): 69-82.

[170] Jin M, Granda N A, Down I. The impact of carbon policies on supply chain design and logistics of a major retailer [J]. Journal of Cleaner Production, 2013 (8): 42.

[171] Du S, Ma F, Fu Z. Game-theoretic analysis for an emission-dependent supply chain in a「cap-and-trade」system [J]. Annals of Operations Research, 2011: 1-15.

[172] Badole M, Jain D R, Rathore D A P S. Research and Opportunities in Supply Chain Modeling: A Review [J]. International Journal of Supply Chain Management, 2013, 1 (3): 270-282.

[173] 徐麗群. 低碳供應鏈構建中的碳減排責任劃分與成本分攤 [J]. 軟科學, 2013, 27 (12): 104-108.

[174] 趙道致, 王楚格. 考慮低碳排放政策的供應鏈製造企業減排決策研究 [J]. 工業工程, 2014 (17): 105-111.

[175] Tseng S C, Hung S W. A strategic decision-making model considering the social costs of carbon dioxide emissions for sustainable supply chain management [J]. Journal of Environmental Management, 2014, 133: 315-322.

[176] 謝鑫鵬, 趙道致. 低碳供應鏈生產及交易決策機制 [J]. 控製與決策, 2014, 29 (4): 651-658.

[177] Mills E S. Uncertainty and price theory [J]. Quarterly Journal of Economics. 1959, (73): 116-130.

致　　謝

本書是在我博士生畢業論文基礎上加工而成的。回首往事，不勝感慨。

自2004年在成電陸續開始自己的碩士生和博士生階段的學習和生活，細算起來前前后后將近十年。在成電學習和生活期間，聆聽了許多優秀老師的教誨，結識了許多優秀的成電人，他們中的許多人成為了我一生的良師益友。值此論著付梓之際，感謝所有老師、同學、朋友和家人的指導、關心和幫助，希望能夠借此機會表達我對你們最誠摯的謝意！

首先，我要特別感謝我的導師陳旭教授。自碩士階段就一直跟隨陳老師學習，在學習期間通過他提供的眾多研究課題和項目鍛煉，使得自己在學術研究和管理實踐方面都有了極大的進步。多年來陳老師的教誨「有一種快樂叫追求，有一種幸福叫上進」常常催人奮進。

其次，我要感謝經濟與管理學院的曾勇教授、周宗放教授、邵培基教授、艾興政教授、陳宏教授、田益祥教授、邵雲飛教授、魯若愚教授、夏遠強教授、慕銀平教授、潘景銘副教授、劉蕾副教授等各位老師在課堂內外對我的教誨。同時也要感謝孔剛老師以及對我論文進行評審和參加答辯的老師。

再次，我要感謝我的同門師兄弟魯力、江文、王衝、鄭義、羅政，他們在我的學習和研究工作中都給予了我巨大的幫助和鼓勵。還要感謝我的同學姚一永、曹學豔、陳婷、陳旭東、林宏偉、董杰、王國勛，感謝在博士生學習期間大家的相互鼓勵、幫助和陪伴。

最后，我要特別感謝一直支持我的家人，感謝你們在我的求學生涯中給予我的關愛和鼓勵。正是你們的理解、支持和鼓勵，才能讓我在前行的道路上不斷克服困難，取得成績。任何語言也無法表達我對你們的感激之情。我愛你們！

馬常松

國家圖書館出版品預行編目(CIP)資料

考慮碳限額與交易政策的製造企業生產與定價模型研究 / 馬常松 主編.
-- 第一版. -- 臺北市：崧燁文化，2018.09

面 ； 公分

ISBN 978-957-681-617-8(平裝)

1.製造業 2.成本管理

487　　107014713

書　　名：考慮碳限額與交易政策的製造企業生產與定價模型研究
作　　者：馬常松 主編
發行人：黃振庭
出版者：崧博出版事業有限公司
發行者：崧燁文化事業有限公司
E-mail：sonbookservice@gmail.com
粉絲頁　　　　　　　網　址：
地　　址：台北市中正區重慶南路一段六十一號八樓815室
8F.-815, No.61, Sec. 1, Chongqing S. Rd., Zhongzheng Dist., Taipei City 100, Taiwan (R.O.C.)
電　話：(02)2370-3310　傳　真：(02) 2370-3210
總經銷：紅螞蟻圖書有限公司
地　　址：台北市內湖區舊宗路二段121巷19號
電　話:02-2795-3656　傳真:02-2795-4100　網址：
印　刷 ：京峯彩色印刷有限公司（京峰數位）

本書版權為西南財經大學出版社所有授權崧博出版事業有限公司獨家發行
電子書繁體字版。若有其他相關權利及授權需求請與本公司聯繫。

定價：350 元

發行日期：2018 年 9 月第一版

◎ 本書以POD印製發行